小心！软瘾

最实用的"战瘾"指南

邓明◎著

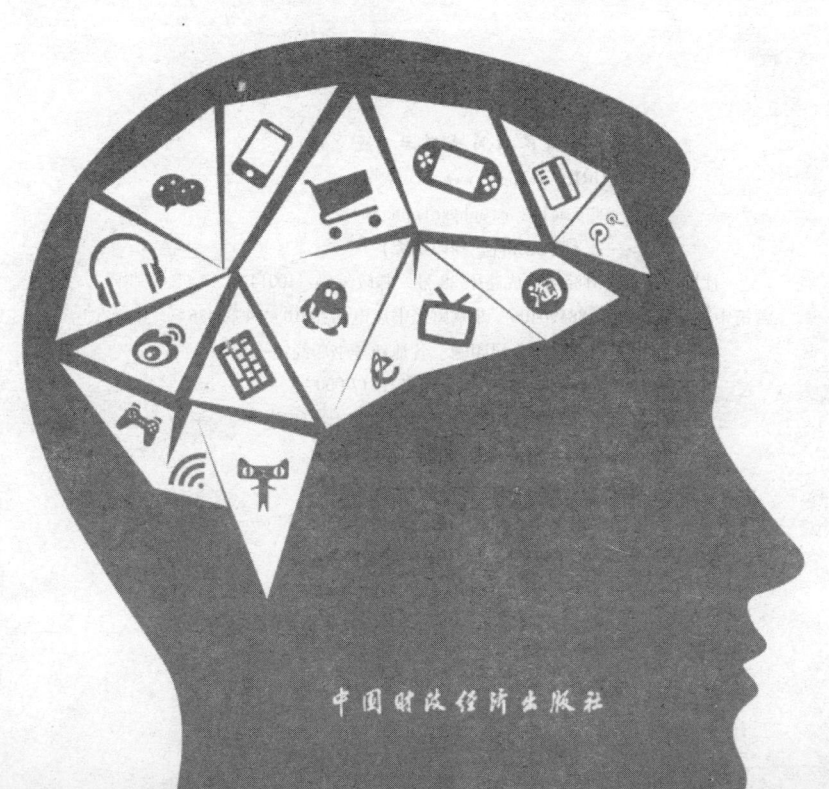

中国财政经济出版社

图书在版编目（CIP）数据

小心！软瘾／邓明著． —— 北京：中国财政经济出版社，2014.3
ISBN 978-7-5095-5048-9

Ⅰ.①小… Ⅱ.①邓… Ⅲ.①心理学-通俗读物 Ⅳ.①B84-49

中国版本图书馆CIP数据核字（2013）第318607号

责任编辑：潘　飞　　　　　　责任印制：刘春年
责任校对：黄亚青　　　　　　版式设计：丁丁图文

中国财政经济出版社出版
URL：http://www.cfeph.cn
E-mail：cfeph@cfeph.cn
（版权所有　翻印必究）
社址：北京市海淀区阜成路甲28号　邮政编码：100142
营销中心电话：010-88190406　北京财经书店电话：010-64033436
北京中兴印刷有限公司印刷　各地新华书店经销
880×1230毫米　32开　7印张　117 000字
2014年4月第1版　2014年4月北京第1次印刷
定价：32.00元
ISBN 978-7-5095-5048-9/B·0019
（图书出现印装问题，本社负责调换）
本社质量投诉电话：010-88190744
反盗版举报热线：88190492　88190446

序 PREFACE

嘿，这位软瘾症患者，你为什么要放弃治疗？

你是否前一秒钟刚发过誓"再网购就剁手"，下一秒就又不自觉地打开了购物网站？

你是否刚告诉自己"夜已深，赶紧睡觉吧"，结果不到5分钟又跑去刷微信？

你是否明明忘记带手机，却总觉得手机在响，并且因为没有手机在手一整天都过得不自在？

你是否即便没有想看的节目，也要拿着遥控器换到无聊的电视频道直到深夜？

你是否每隔一段时间就必须打开某社交网站？

你是否常常和 QQ 在线好友闲聊到午夜时分？

……

你是否有过类似的抱怨——

Soft Addiction   小心！软瘾

小希："讨厌死自己了！昨晚又荒废了！本来在专心整理工作日志，但一打开电脑就没完没了地逛贴吧、论坛、淘宝网，从晚上吃完饭一直闲逛到半夜两点，现在还头昏脑胀，好困啊！"

达明："我可不是偶尔这样。最近两个月，几乎每晚都上网打游戏，没有（游戏）任务时就到处逛逛，搞得我寝食难安，工作效率极低。每次被老板骂时我就后悔死，真是陷入恶性循环了！"

此外，工作过度操劳、白日梦、贪食等看似稀松平常的休闲娱乐方式或个人爱好，若执行过度或因动机错误而为之，都可能由"不想做"变成一种"习惯"，最终成为"软瘾"。

用"杀人不闻声，人人受其扰"这句话来形容软瘾症再适合不过。

美国心理学家Judith Wright最先提出"软瘾"一词，并率先用这个词描述这一心理疾病对人们的危害。Judith Wright表示，生活中的任何行为都有可能转化成软瘾，而我们每个人都患有不同程度和表现的软瘾症，关键在于对程度深浅的把握以及是否得到及时治疗。

如今，软瘾症无时不在，无处不在，已经深深地进入我们的身体，影响大家的工作和生活。

嘿，这位软瘾症患者，你为什么要放弃治疗？

软瘾让人饱受精神煎熬，你唯一能做的就是不要放弃治疗。当然，全世界的软瘾症患者还大有人在（详见"数说软瘾"），故将自己战胜软瘾的经历、方法，以及身边好友的经历和体会记录下来，以通俗易懂的文字形式呈现给大家。

创作完成时，我把初稿给最好的朋友看，他惊讶地说："你这都是胡诌的吧？你凭什么说别人和你一样有软瘾症呢？说不定人家只是过分地爱好或习惯做或不做某事呢！"为了解答朋友的疑问，证明我的观点并非天方夜谭，我借助 CNNIC（中国互联网络信息中心）和各大调研机构的电子报刊，查询了大量数据资料，总结出了"数说软瘾"部分以及列举出"关于软瘾症的若干有力证据"。虽然有欠专业，只希望各位能感受到我的诚意。

值得一提的是，"软瘾"在我国还是个新鲜词，截止到完稿日，尚未发现市场中有相同主题的图书。正因如此，我的创作是审慎的，也并未展开长篇大论，只是将我认为的关于软瘾的重要内容分解为以下五部分：

PART1 主要讲"软瘾"现象，PART2 主要讲"软瘾"带来的警示，PART3 主要从心理学的角度讲"软瘾"的成因，PART4 主要讲战胜软瘾症应从个体心理着手，PART5 主要总结克服软瘾症的一些有效方法。

最后，衷心希望各位软瘾症患者拾起本书，积极接受治疗，早日痊愈。

切记，在没有预知结果前，请千万不要放弃治疗！

目录 CONTENTS

阅读前的测试　　001
数说软瘾　关于软瘾症的若干有力证据　　002

PART1

伤不起的"瘾君子"　　001
——那些徘徊在软瘾怪圈无法戒瘾的囚徒

1. 再网购就剁手　　003
2. 半夜刷微博，特想抽自己　　008
3. 没带手机就好像没穿衣服　　012
4. 上一整天网？枪毙算了　　020
5. 一味等待，错失时机　　024
6. 宁可饿死也要追上肥皂剧　　027
7. 翻滚吧！问题的雪球　　033

I

PART2

这是病！不能停止治疗！　　039
——来自美国心理学家 Judith Wright 的警告

1. 赖特学院调查报告：90%以上的美国人有软瘾　　041
2. 不会让肌体死亡，也不会真实地存活　　047
3. 过度沉溺于 X 事件的疯子　　051
4. 软瘾患者的自白　　057
5. 也许明天……　　063
6. 拖延？没那么简单　　068

PART3

"软瘾"这种病，到底是怎样缠身的？　　073
——软瘾症在生理学与心理学中的解释

1. 心理左右了生理，情感入侵了理智　　075
2. 由习惯转为仪式化的图腾崇拜　　080
3. 心中的蛀虫：完美主义　　087
4. 逃避是人体本能的行为机制　　093
5. 谁的人生不犹豫　　097
6. 缺乏控制感后，安全感归零　　102

PART4

每个人心里都有一寸心魔　　109
——征服软瘾症需从战胜心魔开始

1. 开启自我反省模式　　111
2. 成为扭曲内心需求的杀手　　117
3. 痛苦只在"今晚"　　122
4. 压力是上帝的礼物　　127
5. 诱惑面前锁住芭比的心　　132
6. "丰富生活的节目"　　137
7. 一心莫两用　　141

PART5

行动（ACTION）是核心之"桩"　　147
——战胜"软瘾"恶魔需从行动上删除拖延模式

1. 拖延症公式：U＝EV/ID　　149
2. 1.01VS 0.99　　157
3. 与一万个理由格斗　　165
4. Deadline（最后期限）的通牒效应　　172
5. "箍桶理论"拆分"行动高墙"　　180

6. 战胜焦虑性拖延的暴露疗法　　186
7. "瑞士奶酪"时间整理术　　192

后　记　21 天，和软瘾症说再见　　201
附　录　战胜软瘾症实用工具箱　　205

阅读前的测试

在阅读本书内容前,先和我一起做个有意思的测试吧。

问自己以下三个问题,凭第一直觉如实作答:

  A. 做某件事你花了多长时间?
  B. 你做这件事的心理动机是什么?
  C. 做这件事你觉得怎么样?

检测结果:

如果这件事带给你更多学习的精力、成长的动力,让你觉得生活更有意义——那么这就不算软瘾。如果这件事让你耗尽了所有能量,变得麻木、沮丧,那么你很可能患上了软瘾症。

数说软瘾

关于软瘾症的若干有力证据

2011年1月7日，数字100市场研究公司（成立于2004年，是一家集现代调查工具、专业模型产品与市场调查工具和客户行业特点于一体的专业市场调查机构）通过其权威的在线样本库对467位受访者进行了问卷调查。其中，女性受访者占53%，男性受访者占47%；年龄在30岁以下的受访者占37%，年龄在35岁以下的受访者占21%，其他受访者年龄层分布基本与网络人群一致。

表1 数字100市场研究公司关于软瘾症调查参考数据1

80%受访者表示自己有软瘾			
☺ 在所有受访者中,只有20%的受访者表示自己没有软瘾。			
你有哪些软瘾?	总体	男	女
过度沉迷于电脑	56%	53%	59%
习惯性地回避某些人/事	33%	32%	36%
拖延成性	27%	29%	23%
看电视过度	23%	21%	23%
不承认自己有软瘾(互斥)	20%	22%	18%
购物时总是表现得很冲动	19%	13%	23%
必须频繁地查看 E-mail	18%	19%	17%
吃喝玩乐毫无节制	13%	8%	18%
不停地登陆微博、刷微博	8%	6%	9%

表2 数字100市场研究公司关于软瘾症调查参考数据2

40%受访者表示不清楚软瘾成因						
☺ 在所有受访者中,40岁以上的受访者不清楚原因比例较高。						
你为什么会有软瘾?	总体	23岁以下	30岁以下	35岁以下	40岁以下	40岁以上
不知道原因	44%	46%	40%	38%	44%	67%
习惯性地做某事	30%	26%	36%	28%	39%	20%
做这些事心理就会满足	27%	23%	27%	33%	26%	13%
对做某事产生依赖和共鸣	15%	22%	18%	13%	12%	7%
这些人、事最能代表内心世界	6%	9%	6%	5%	1%	3%

表3 数字100市场研究公司关于软瘾症调查参考数据3

40%受访者表示软瘾后感到放松			
☺在所有受访者中，表示从软瘾中获得满足的男性比例略高于女性。			
软瘾给你带来了什么?	总体	男	女
让我感到解脱和放松	41%	38%	42%
让我学会遗忘	25%	21%	27%
让我被认同	24%	25%	23%
让我内心得到满足/快感	21%	25%	17%
让我感到情绪低落	21%	21%	20%
让我获得喜悦	15%	17%	14%
其他	1%	1%	1%

表4 数字100市场研究公司关于软瘾症调查参考数据4

75%受访者表示会有软瘾后遗症						
☺在所有受访者中，只有24%的受访者表示没有因为软瘾后悔过。						
你有软瘾后遗症吗?是什么?	总体	23岁以下	30岁以下	35岁以下	40岁以下	40岁以上
身心疲惫	34%	31%	35%	36%	43%	23%
睡眠严重不足	31%	29%	30%	30%	36%	25%
忽略了亲朋好友	26%	26%	30%	24%	19%	18%
我从没有后悔过（多选互斥）	24%	24%	20%	18%	21%	50%

续表

你有软瘾后遗症吗？是什么？	总体	23岁以下	30岁以下	35岁以下	40岁以下	40岁以上
生活空虚	19%	27%	21%	9%	19%	12%
过度消费	16%	24%	18%	15%	12%	7%
渴望更多次软瘾发作	14%	11%	16%	17%	15%	10%
其他	1%	0%	0%	1%	0%	2%

表5　数字100市场研究公司关于软瘾症调查参考数据5

80%以上受访者表示想戒除软瘾			
☺ 在所有受访者中，只有17%的受访者表示不想戒除软瘾。			
你想戒除软瘾吗？打算怎么做	总体	男	女
我想戒除并经常责问自己	37%	38%	36%
想要重新审视自我	31%	35%	26%
尽量提醒自己不要上瘾	29%	29%	29%
尽量转移注意力（例如：运动）	28%	26%	30%
我从没想过要戒除这种软瘾	17%	18%	16%
其他	0%	1%	0%

下面，请开启本书问诊之旅，针对自己的"病症"展开问诊。

PART1

伤不起的"瘾君子"

——那些徘徊在软瘾怪圈无法戒瘾的囚徒

何炅在微博中说:"不管多困,上床就拿起手机刷刷刷……"

这其实是一种叫作"软瘾"的心理疾病。

软瘾(SOFT ADDICTION)——美国心理学家提出的新名词,指强迫性的习惯、行为或回复性的情绪。它不同于酒精、药物、毒品的麻醉,而是通过表面的情绪释放,阻碍、忽视了内心的真正需要。看似无关痛痒,一切正常,实则已不知不觉成为一种诱惑,让你无法自拔地沉迷其中。

伤不起的"瘾君子" PART 1

1. 再网购就剁手

CNNIC(中国互联网络信息中心)的调查数据显示,近30%的参与者"频繁强迫自己做一些不必要的事"。而这一在工作、生活中反复出现的"强迫性"动作,在症状尚轻时看似无副作用,然而,某些"病入膏肓"的人(尤其是办公室职员)却很有可能因为"上瘾"而丢了饭碗。

——每天信誓旦旦称"再网购就剁手"的网购一族,他们最受不了这些词(后面跟着大串惊叹号,篇幅有限,此处有省略)的诱惑:店主疯了!!! 包邮!!! 秒杀!!! 即将售罄!!! 直降!!! 激情大促!!! 错过今天,再等一年!!!

……

"剁手党"的悲剧谁人懂?

网购之路是一条看似欢乐实则布满荆棘和陷阱的不归路,大部分人都是有去无回,每天不是在网购,就是在计划网购的路上。而这些人的实际行为和计划通常背道而驰,好像每个人都是千手观音,手剁了又长,长了又剁。

哀其不幸,怒其不争,张琴就是其中一员。

回想起来,张琴最早是从买书开始走上这条路的,渐渐地还在网上买生活用品、粮油百货甚至生鲜蔬菜。张琴给出的解释是:节省了去超市的时间,既不用排队结账,也不用自己扛回家。她完全没有意识到,这样的行为是危险的——她为了网上支付更加便捷,还开通了支付宝。

提起支付宝,两眼泪汪汪。

有了便捷的支付条件,张琴开始天天在家收快递,每收一次货都有一种莫名的成就感。

伴随而来的是钱也如流水般花出去了。

习惯了网购生活的张琴,再也没有逛商场的心思。她总是抱着"机不可失"的心态,安慰自己为了应对未来有可能出现的通货膨胀,现在就要开始囤货。急用的、一时半刻用不着的,统统买回家。数量多到常常忘记买回来的东西放在哪里，急用时又不得不重复购买，反而造成极大的浪费。

张琴开始抱怨，为什么网上的店铺不计其数，商品无穷无尽，时刻都在打折，而自己轻而易举就被困在其中，越陷越深。可以肯定的是，每一次成功下单都让她有种轻松的快感。

直到有一天，张琴发现微博上有人将网购族划分出了具体消费类型：

* 年度消费≤500元——"勤俭持家型"；

* 500元≤年度消费≤5 000元——"普通青年型"；

* 5 000元≤年度消费≤10 000元——"铺张浪费型"；

* 10 000元≤年度消费≤30 000元——"剁手型"；

* 30 000元≤年度消费≤50 000元——"被拉出去枪毙型"；

* 年度消费≥5万元——"枪毙10分钟都不为过型"。

按照分类，张琴属于"剁手型"。问题是，疯狂的购物已经让张琴患上了戒不掉的"瘾"。每次无法自控地网购，张琴就发誓："再网购我就剁手！"

网购的确能帮助人转移注意力，减少压力，增加快感。尤其是职场人士，由于平时工作压力大，网购不失为一种放松解压的方式——通过网购获得心理平衡与安慰。但是，过度网购不仅会造成金钱的浪费，亦会因长时间专注于网络而身心疲惫，反而不能释放压力。当网购成为一种改不掉的习惯，就会变本加厉，越发"上瘾"。类似张琴这样的例子，就属于典型的软瘾。

一不小心成了"瘾君子"

从心理学的角度来看，软瘾的出现，与个人的心理状态和工作强度有关，以下三类人属于软瘾三大易感人群。

第一类：工作量极度不饱和的人。这类人每天工作量非常少，于是有大把休闲时间用来网购。

第二类：工作量极大、极度忙碌的人。这类人由于工作原因，有时忙到连喝水、吃饭的时间都没有。正因如此，他们需要掌握大量信息应对工作，否则就会感到心理焦虑，没有安全感。

第三类：希望找人倾诉内心情感，但社交能力差、朋友少、有些自卑的人。这类人由于没有地方可以一吐为快，只能通过通信技术发达、信息量大的第三方——互联网来"替代性地满足内心"。

归结起来，软瘾通常源于现实的压力。例如，有些追求完美的职场人不允许自己在工作中出错，一旦因为某种疏漏，为公司造成了负面影响,之后遇到同样的问题便总会异常小心,甚至自我怀疑,认为自己总是出错,无法完美地完成工作。这种近乎苛求的状态势必会对心理造成巨大压力。这样一来,许多人通过网购宣泄情绪、释放压力也就不足为奇了。而实际上,网购只是让你在虚拟世界一时获得了内心满足,你却在现实中不由自主地逃避着压力。

"过度网购"是一种负面的、消极的、反复强化的过程。一个人的身心都会受到不同程度的影响,让人在"明知故犯"的情况下一边享受着快感,一边无法自拔。其实,这些看似稀松平常的休闲方式,很可能预示你存在着某种心理问题。根据马斯洛的需要层次理论,当人内心感到空虚、压力无法释放时,就会不自觉地寻找"情感补偿",这在心理学中称为"脱敏疗法"。怎么应对呢?一是如果觉得工作量大,就细分目标,一步步解决问题。二是在网络购物上,可以征询朋友意见,判断所购物品是否非买不可,逐渐减少网购的频率和额度等。无论哪一种疗法,关键都是要积极地直面问题和压力,逃避只会让"瘾君子"之伤痛侵髓入骨。

自身能意识到可能有软瘾症状的,如及时治疗并不算晚。否则等到无可救药时只能一声叹息:"啊,多么痛的领悟,软瘾这个怪物!"

2. 半夜刷微博，特想抽自己

2012年9月6日《城市晚报》刊登了一篇关于"微博控"的文章，文中称："早上醒来就登录微博，走在路上发微博，到单位刷微博，下班路上看微博。10分钟不'摸'微博，心里就空落落的。如果这些您全'中招'了，那您可要小心了，这不是你已经熟悉了的强迫症，而是一个我们比较陌生的名词——软瘾。"可见，对于很多人而言，微博已经成了生活的一部分。

《城市晚报》统计数据显示，截止到2012年上半年，全国的微博用户数已超3亿，因此，那些对微博产生依赖的人，也随之被贴上了一个新标签——"微博控"。

海妮刚刚参加工作，在北京市一家外贸公司做文员，她每天早上来到办公室的第一件事就是打开电脑、登录微博。直到下班回到家，深夜里躺下，她依然要刷一会儿微博才能睡。对于海妮来说，发微博几乎成了她生活中的一部分，据她自己说："只要闲着的时候，不刷微博就心痒痒，发完微博，如果5分钟之后没听到有人回复的提示音，就想亲自登录上去看看究竟是怎么回事。然后再不停地编辑各种博文，等到下次可以一起发。"用海妮的话说，每个月月末是最"煎熬"的时候，因为流量没了，若是赶上在旅途中或出差中，就不能发微博了。

相信海妮并不是个例，上了一天班的白领一族应当深有感触，回到家已经累得不想做任何事，甚至不想与人说一句话，但奇怪的是，就算累瘫了还是忍不住不停地刷微博。在海妮看来，疲劳过后似乎更需要一种类似刷微博式的解脱，所以"织围脖"时精神感到愉悦，内心感到满足，自然也不觉得累。

"微博控"也可能是软瘾族

表面上，刷微博压力是减轻了，但实际上，刷完微博躺在床上后，浑身的疲惫和之前抛在脑后的所有烦心事就又接踵而至，涌上心头。

用减压等理由来掩饰对刷微博的热情,不能掩盖"微博控"们患上"软瘾症"的可能性。

在微博上,有一些网友发微博这样调侃自己——

"为了发微博险些撞上电线杆,为躲电线杆差点踩空,还好咱腿脚利落,免于出糗!"

更有甚者,有博友想游到河中间拍一张照片发到微博上,结果掉进河里差点上不来。

还有逗趣的网友在微博中总结"微博控"共分八级——

"一级只围观不说话;二级遇到兴奋点才回复、转发;三级休息时间全占用;四级工作时间也在上微博;五级双休日不休息;六级熬夜找热点;七级半夜也在刷新页面;八级生活颠倒,需住院治疗。"

当你觉得自己需要"住院治疗"或持续刷微博半个月以上的时候,十有八九你已经患上了软瘾症。

很多人一听软瘾症就觉得是种非常可怕的病。事实上,软瘾只是一种自我强迫现象,但并不是强迫症。患上软瘾症的人通常在遇到事情时,习惯性地拖延时间,总是要等到无法再拖下去时才去做。

但是,如果软瘾时间持续高达20天以上,其性质就逐渐变得恶劣,导致日不能寐,夜不能眠,食之无味,很容易患上强迫症。如果是这样，就很可能连带患上心理疾病，需要进行自我调节与治疗。当你刷微博刷到自己都觉得频繁，特想抽自己的时候，不如立刻出去走走，淡化微博对内心的牵绊，或者用清水洗一把脸，听听音乐舒缓心情，动一动手指。当然，最主要是想办法给心灵放个假，短暂地让你的脑部"空白"，获得休息。

总之，软瘾当前，一定要小心！

Soft Addiction　小心！软瘾

3. 没带手机就好像没穿衣服

曾有人说，手机改变了现代社会。诚如此言，我们之中的大多数人都离不开这件"宝贝"，人们觉得关了手机就失魂落魄了，出门没带手机就好像没穿衣服，不知道该干些什么。但实际上，这些东西虽然给了我们极大的帮助，但也成为我们患上软瘾症的一大原因。手机是和朋友保持联络的很好工具，但也是逃避工作的"好办法"。

当你觉得干活儿很疲累的时候，你不自觉地就打开了手机，它比电脑上网更方便，3G网络上的东西同样应有尽有，尤其在公交车、地铁里打发时间时功能极其强大。当你正在专心忙碌的时候，手机铃声响了，也许是一个朋友想向你诉苦，而你手头还有一堆活儿要干，截止日期马上就到了。

你真的无时无刻都需要手机吗?

雨生习惯早起,但是早上时间的效率并不高。因为他早上醒来的第一件事就是打开手机,刷刷微博,翻翻微信,上会儿QQ,兴起时再给几个好友发一些祝福语或激励人心的短信。就这样,即使醒来时才6点,等到真正下床时也已经7点钟。剩下仅有的半个小时就用来洗漱,囫囵吞枣地随便吃一点早餐,甚至常常没时间吃早餐,拿起一瓶牛奶就向车站飞奔而去。

仔细想想,你真需要每天早上醒来就抱着手机不停地查看新闻,尤其是那些低俗的爆炸式信息嘛?每天一开机,自动弹跳出来的太多的杂乱信息远远超出了大脑所能处理的范围。这些冗余信息不但不能丰富我们的生活,反而污染了我们的眼球和心灵,我们必须对它们采取隔离措施。

希望你能认真思考,并且作出明智的选择。你想要做什么、你作出怎样的选择,会极大地影响你今后的生活。当你科学地运用时间设定了自己的标准时,就会逐渐减少翻看手机信息的频率,为自己腾出更多的时间和心灵空间。

有效工作与生活的一个秘诀就是,关掉手机。如果工作不是太忙,可以试着每周有半天到一天的时间关掉手机,安安静静地做一点儿别的能让你头脑更清晰、身体更健康的事，如读书、绘画、散步、思考等。

当你关掉了手机，你会发现你有了更多的时间和更富裕的精神空间来做你想做且需要做的事情。人的大脑实际上无法同时胜任多项任务，每次你以为自己能同时处理时，其实分神在不知不觉中。人转移注意力的时间大概只需要0.7秒。手机信息的浏览会转移你对会议精神及内容的掌握，进而影响工作质量及效率。

通过运动提高身体机能

长时间使用手机时，除了手指、手腕，身体的其他部分基本不动，身体机能会逐渐下降。你应该在唤醒自己感官的功能上面多花一些时间，维持你自己良好的身体状态，这些能够让你更有勇气和毅力去面对那些被你拖延的事情。照顾好你的身体，不能让你一夜之间变成另一个人，这虽然不能保证让你的软瘾症不再复发，但是能够让你的身体逐渐好转，身心渐趋平衡，更加稳定和轻松。当你处于身心和谐的状态时，你就能准备得更充分，能够随时起身去处理那些急需你处理的事情。

那么，如何有效提高身体机能呢？

很多人深知运动的好处。运动能让他们容光焕发、精力充沛、生机勃勃,是保持较高工作效率的一个重要支撑。而一些习惯坐在角落一动不动使用手机的人,他们一提到运动就苦不堪言,光是让他们换上运动裤、穿上运动鞋就够让他们头疼的了。走两步路他们就会觉得腿沉得抬不起来,看到一根电线杆都想去靠一下。平时在车站等车,也不能笔直地站着,总像没筋骨似的靠在广告牌上,一边倚靠一边用手机。你应该考虑一下运动的建议。你可以将运动当成你克服软瘾的一种方法,在此基础上采取一定的行动。只要你付诸行动了,运动肯定会给你的身心带来极大的好处。不如尝试着直起身子,做几个伸展运动。按照瑜伽姿势,拉伸你的四肢,或者伸几个懒腰,尽量将手臂打开。即便是几个简单的动作,你也会发现你的精神状态比之前好了一些。

  运动除了有利于身体健康外,还能帮助改善我们的情绪。一个患抑郁症的人出去走走,闻一闻花香,吹一吹清风,抚一抚柳条,他就会觉得舒展很多。所以,丢掉手机,去健身房做1个小时的运动,直到满头大汗,你肯定会觉得整个人焕然一新了。运动能刺激身体产生一种叫内啡肽的荷尔蒙,能帮助提升愉悦感和幸福感。适当地运动对振奋我们的精神会有所助益。

  除了提升情绪外,有调查显示,运动还能帮助大脑成长,提高大脑的调节能力。哈佛大学的心理学家约翰·莱迪就有许多关于这方面的研究成果。比如，运动后，人们学习新单词的能力比之前增强了20%。还有一份调查报告是针对芝加哥校区学生的研究。该报告显示，当这个校区启动了一项学生早锻炼的计划之后，该校区八年级的学生参与某项标准化科学考试的时候夺取了世界第一的成绩。而在此之前，这些奖项本来一直是由新加坡和日本等国家的学生牢牢把控的。

很多人都患有运动恐惧症，他们觉得运动是一种痛苦的折磨。他们无法忍受大汗淋漓，无法承受跑步、仰卧起坐或者其他运动的压力。虽然他们从心底也喜欢运动健美的身材，就像他们羡慕麦当娜的骄人身材一样，可他们不知道麦当娜每天规律作息，坚持运动。心情低落的时候，他们宁愿蜷在沙发里玩弄手机。而那些充满活力、拥有迷人身材的人遇到这种情况时，大都借助运动来排解失落情绪，这就是两者的差别，效果自然也是天壤之别。

事实上，同肌肉一样，大脑也需要运动。所谓"大脑越用越活，不用就生锈"的说法是非常正确的。如果你的大脑对需要全神贯注的新奇挑战反应更明显，这样你的大脑将会得到发展，会进入到一个更高的层面。科学研究表明，当人们在接受听觉和视觉任务挑战的时候，大脑的运转速度和精确性会大大提高，并且，会在时间中得到延续。只要你正确地使用大脑，90岁的老翁也能恢复20岁青年的大脑功能。很多老年人为了防止痴呆而学习一门新的语言，便是非常有效的做法。

实际上，运动可以看成是一种放松。当你在运动的时候，伸展四肢，大脑便得到休息。如果你不想做事情，或者你提起笔却半天写不出一个字的时候，你可以考虑借运动来放松自己。你可以到公园散步，或者去超市采购下周需要的日用品，或者做几十个仰卧起坐，再或者伴着音乐节奏跳段舞蹈。这些活动都能让你浑身的血液流转起来，帮助你集中精力做事情。

做什么运动不是关键，关键是你要能在这项运动中得到享受。如果你觉得运动很无聊，那你很快就会放弃。但是，如果你能在锻炼身体机能的同时享受到大脑挑战的乐趣，你就会喜欢上运动。你可以约一帮朋友周末一起打球，或者去参加舞蹈班、去上瑜伽课之类的。当你的大脑学习某种不熟悉的运动，或者当你跟一个对手在运动场上较量的时候，大脑会激发出双倍的潜能。同时，在运动中的交流还可以对抗被孤独激发出来的压力荷尔蒙，使心情变得愉悦起来。

莱迪在他的《火花》一书中写道："当你运动的时候，你不仅会感觉更好，而且你的大脑会以更好的状态运转。你会发现，自己学得更快，认知灵活性提高很多，你的思维越发清晰，记忆力比以前提高许多。你运动时在身体中充分流动的血液，当你停下来时几乎马上就返流到你的大脑中，激发了大脑的学习能力。"从科学方面来分析，运动能够促使一种大脑生长因子的释放，这种生长因子被称为"脑源神经营养因子"，它对大脑的作用就好比花肥对鲜花的催生作用一样，它能使你的神经元变得更加健康与茁壮，使神经元的触角能够跟其他神经元互动联结。不仅如此，"大脑源神经营养因子"还能够刺激新的神经元的生长。这些新神经元就包括大脑海马区的神经元，而大脑的海马区对记忆存储起着至关重要的作用。所以，"大脑源神经营养因子"能够帮助我们将现在发生的事情更好地列入以前的大脑框架中。这样，我们便很容易建立一个全局视野。

这个全局视野对我们调节情绪上的不安起到了至关重要的作用。如果你的大脑海马区足够发达，它就能帮助你从一个整体框架看待威胁，这样你就不会坠入软瘾的泥潭中无法自拔。你能够正视所发生的事情，能够告诉自己说："如果我没有及时归还这几本图书，我也不会一无所有。只不过这些图书过期一日，我便多交一日的费用。我之前也有图书超期未还，只是交了一点儿罚款而已。"但是，实际情况往往没有这么乐观，因为慢性压力会对海马区施加可怕的破坏性压力，从而降低它对过去记忆的效能。当"威胁侦察器"发出的威胁信号越发强烈时，你就越加感到恐慌，那样你就无法正视这个事实，无法以正常行为来挽救这一切了。你会对这些需要做的事情产生强烈的恐惧感，不管你现在是需要写一份计划书，要归还几本图书，还是要去银行还信用卡的账单。你陷入恐惧中无法挣脱，只能眼看着自己坐在那里越陷越深，却无法起身开始行动。

之所以要提升脑力机能，是因为人的主观意识由脑部控制，只有提升这种控制能力，你的主观意识才会渐渐改变，不再那么迷恋手机。

4. 上一整天网？枪毙算了

网络给我们提供了无穷的乐趣，只要你能想到，几乎没有什么是网络不能做到的。有了网络，你会习惯性地开始多任务处理。你可能会一边查找分析报告的资料，却不小心点开了"今日新闻"，又或者习惯性地打开了维基百科，然后顺着这个搜索引擎你又打开了无数的链接网页。同时，你的QQ还在不停地跳动，有几个客户需要跟你沟通，有几个朋友想跟你聊一聊最近爆红的电影……

加拿大学者一项针对北美地区的研究发现，50.77%的人有互联网软瘾症，47%的上网时间不是用来工作而是用来拖延工作的。

越上网越刺激？

很多人都知道网络成瘾的坏处，但就是无法控制自己，有时到半夜才发现自己上了一整天网，于是对着镜子大骂自己："唉，真没定力，枪毙算了！"没想到，第二天一有空依旧开始了无休止的网上冲浪之旅。

其实，网络上的东西会引发一些随机的兴奋和刺激感，它们会一次次启动大脑中的多巴胺分泌系统，刺激越多，思考越快；思考越快，自我感觉就越良好。根据调查显示，很多人每次上网平均要打开8个窗口，每隔25秒钟从一个链接跳到另一个链接。心理学家认为，人类的大脑一生仅能处理1 730亿个字节的信息。所以，注意力不是可再生的无穷资源，它好比水和石油，一旦用光了，就无法重生。如何有效分配并使用这些注意力，绝不是一件微不足道的事情，它在很大程度上也影响着你的精神状态、工作效率和事业前景。

每当看到一边骑车一边打电话的人，常常为他们担忧，生怕他们一不小心撞倒别人，或者自己撞到了电线杆上。

神经学家发现，我们的大脑其实是通过不同的通道处理不同的信息，这些通道包括语言通道、视觉通道、听觉通道等。

每种通道每次只能处理一定量的信息流，超过这个限度，大脑就会变得效率低下，极易出错。骑车打电话、开车打电话（哪怕是用无线耳机）都很危险。如果你在通话中获知了什么刺激的事情，你很容易受惊，瞬时失去判断能力。又好比对方在通话中向你描述某一种视觉场景，譬如他见到一个什么样的上司，你会顺着他的描述自动勾勒出图像，这种视觉信息会将你的视觉通道占满，从而削弱你观察路面情况的能力。假如这时刚好有一辆车从拐弯处斜穿出来，会发生什么样的后果？光这样想想就足以让人吓出一身冷汗。

所以，当大量的网络信息充斥脑海时，脑容量就会趋于饱和，做事的效率就会变低，想要改变现状，必须给自己的大脑"减肥"。

很多有节食经历的人对此应该深有体会，控制大脑对新鲜刺激的渴望是可能的，但必须经过严格管理和自我控制。实际上，将全部精力都集中到某件事情上，能带来一种愉悦感。这种情形就好比在做俯卧撑一样，能帮助大脑"减肥"。

此外，冥想也是一种很不错的方法。冥想来源于古印度，本身就是为了让人抛弃多余的杂念，集中注意力的良方。此外，如果觉得自己效率低下，大脑昏昏沉沉，不妨小憩一会儿，5~10分钟就能让你的大脑得到休息，极大改善你的注意力状态。

伤不起的"瘾君子" **PART 1**

　　如果你极易被人打搅，那么就尽量人为地给自己建造一个"刺激庇护所"。你可以尽量避开嘈杂的人群，到安静的图书馆去自习。当你不得不置身于嘈杂的人群中时，你可以戴上一个耳塞，将自己与周围隔离开来。或者，你可以试着切断自己的依赖性源头，周末时关掉手机，也不再打开电脑上网。你也可以将自己关在屋子里，与自己的心灵对话。

Soft Addiction　小心！软瘾

5. 一味等待，错失时机

什么？等待也会上瘾？

没错，以爱情为例。当你恋上一个人时，就会发现思念是种戒不掉的瘾。当对方离开或没有回应你时，等待也是让人如此欲罢不能。譬如多年前三毛选择离开人世，一位白发鬓鬓的老人在遥远的地方开始了他漫长的等待，并写出了那首寄给"天上人"的恋歌！有人说，明知道你等待的是不该等待的人，明知道等待的结果总是空，可还是苦等下去。一等再等的结果就是屡屡错过身边的大好时机。人如此，事亦如此。

淑娟是一位家庭主妇，自从怀孕到现在，差不多5年的时间一直做着家庭主妇。虽然家境很好，丈夫也很体谅，但是总觉得自己逐渐与社会脱轨了。本来计划好等孩子满两岁就去上班，刚好那一年经济不景气，很多人失业，淑娟投了几份简历都石沉大海。一开始淑娟信心满满，觉得自己肯定能找到一份好工作。因为是名校毕业，而且在年纪轻轻时就曾坐上了大公司中层管理的位置，前公司领导对她评价也很高。但是随着时间的流逝，淑娟开始焦躁起来，这么久没去上班，不知道自己能不能适应朝九晚五的生活。办公室政治一向是她头疼的事，只要上班，又免不了要陷入那个圈子。如今家境殷实，根本用不着她出去上班挣钱。而且，女儿正黏人，如果出去上班，把她扔给保姆，很可能会影响孩子的教育。淑娟反复思量，找工作的事就一天天被拖了下来。她告诉自己，再等等说不定会有更好的机会。

渐渐地，她习惯并爱上了这种等待的感觉，她总觉得一定会有更好的机会在前方等着她。

时机不会因等待变得成熟

女儿3岁的时候进了幼儿园，淑娟突然发现自己的生活没了重心，她成天围着屋子打转，不知道该做些什么。丈夫回来想跟她讨论一下工作的问题，却发现她根本无法理解。看来是在家待得太久，整个人的思维都停滞了。淑娟偶尔出去走走，见见以前的朋友，发现大家一个个都精神抖擞，只有自己萎靡不振，而且朋友们聊的话题她一句也插不进去。

回到家，淑娟想了又想，拿出简历准备修改了投递出去。刚好第二天女儿就发烧了，这下子淑娟忙得团团转，一颗心都在女儿身上，再也顾不上找工作的事。等女儿病好了淑娟又给自己找了些事情做，比如收拾屋子之类的，就是不想投递简历。她告诉自己，女儿的病才好，还需要密切关注，现在不是找工作的时机。

就这样，一直到女儿4岁，淑娟还没等到合适的时机。她的简历还在邮箱里，她自己也没有想到，简历竟然一晃已经几年没有改动过了。

很多人都盼望着自己能够自动自发地去做事，他们坐着等待那个"更好的机会"出现。其实，这就是软瘾患者的一般想法，他们等着那一天的到来，一切时机都成熟，他们会精神抖擞地去做该做的事情。

但事实却是，这一天可能永远不会到来。所以，你应该尽早抛弃这种"瘾"，不管你所谓的"时机"是否合适，不管你的心情是否准备好，你都可以立刻开始！

6. 宁可饿死也要追上肥皂剧

在百度检索"看电视上瘾"这一关键词时，就会看到以下搜索结果：

——"看电视上瘾怎么办？"

——"看电视上瘾无法自拔，求高人帮我想想办法。"

——"老公看电视上瘾了……"

——"我姐看电视成瘾怎么办？"

——"看电视上瘾，怎么戒掉（22岁）？"

……

环顾左右，身边的许多朋友（尤其是18岁到30岁的女性群体）都有电视瘾。比如我的朋友梅丽。

梅丽是个性情浪漫的小女生，每天定时打开电视追韩国的肥皂剧。其实，她常常对自己的行为感到非常恼怒，因为她总是每天睡到日上三竿才起床，夜里一两点才上床。

梅丽是一名设计师，在家画设计图，大多数东西都是叫外卖的。不管外面天气多好，哪怕她都闻到了梨花的暗香，她还是拖着没有出门。梅丽常常一两个月都宅在家里，一步都不出去，除了画设计图就是追肥皂剧。她斜躺在沙发上，捧着零食，津津有味地看韩剧，这成了她生活中的常态。

起初我以为梅丽的这种做法来源于早年的家庭影响。她的父母都是运动员出身，每天都要去锻炼，很少有懒怠的时候。梅丽被他们逼着每天去公园锻炼两小时，无论春夏秋冬、风霜雨雪都雷打不动。梅丽在家得坐得端端正正的，不能看电视。所以梅丽自小心里就对出门锻炼和不能看电视这两项规定表现出极大的愤恨。

当她大学毕业从家里搬出去之后，梅丽感到浑身轻松了。她可以将父母的规定抛在脑后，她几个月才出门一次，每天蜷缩在沙发上追电视剧。这些做法增强了她的自由感，使她相信自己不再是这些规定的囚徒。

看电视成瘾是因为从前受过管制？

仔细想想，在生活中，我们的确需要一定的掌控感。但是，这个世界有许许多多的规则是我们必须遵守的，这些规则不由我们操控，我们只有遵从的份儿。有些人对掌控感十分敏感，他们不喜欢任何规则，觉得这是对他们身心的束缚，他们本能地抗拒他人对自己的要求。当他们无法抗拒别人要求的时候，拖延帮助他们获得了一点儿自尊，让他们找回了一些掌控感。

你也许没有意识到自己是在争夺控制权，不过当仔细思考这个问题时，会发现自己的情况和一些拖延者极其相似。你觉得你是独立的个体，不受制于任何人，为自己感到骄傲。那个客户欺人太甚，凭什么你就得乖乖地按照他的意志做事？信用卡的账单明明今天就到期了，但是你非要过几天才去还款。你对银行高高在上的姿态很反感，所以你要拖几天再还钱，这会让他们恼怒。导师说你必须在周三之前将这个项目的分析报告交给他，你明明已经做得差不多了，却还是磨蹭到周五才给他。你对他颐指气使的态度非常不满，你觉得他没达到为人师表的要求。拖延让你感觉良好，它似乎帮你赢得了自尊，挽回了你的颜面，它是你的利器。

所以，不妨认真反省一下你的电视瘾。你看电视上瘾是从什么时候开始的？是你不满规则（总被管制）的时候吗？你是不是对银行的规则感到不满？你是不是故意延迟信用卡还款日期，以至于被扣掉一笔滞纳金？你是不是无视领导的训斥，依旧拖着不去做那项毫无意义的任务？

你再想想，你的这种"瘾"给周围人带来了什么样的影响？他们会被你连累吗？因为你没有及时完成自己的那一部分工作，是否给项目组的其他人带来麻烦？因为你不上交结果，是否让老板感到气愤，并且迁怒于你们整个部门的其他同事？

你有没有观察过周围人对待你上瘾的态度？他们会不会因为你的"瘾"感到气愤无比？他们是不是因为你没有兑现诺言而处于被动状态，这让他们对你大为光火？他们是不是觉得无法对你施加影响，只好放任你自由行事？

想想上面这些问题，你还会一直以"上瘾"来保持自己的所谓独立性吗？你不愿向他人低头，你用内心的"瘾"来争夺控制权，而这些做法又给你周围的人带来了很多麻烦，他们对你的做法倍感恼怒。

越不让你看电视，你就越要看，且一定要看个痛快，看到通宵——这种利用"上瘾"来争夺控制感的情况多种多样，以下是几种较为常见的情况：

* **不遵守常规**

没有规矩，不成方圆。这个社会处处都有规则，不管明的还是暗的，规则成就了有序的社会。有些规则使社会系统保持和谐，但是有些规则让你觉得荒谬可笑。你讨厌那些条条框框的束缚，它们让你感到受挫。规则是以某种外在力量给予我们的限制，或者成为对我们的期待。我们必须准点去上班，不能迟到，上班时间得忙于工作，不能打游戏、聊天、嗑瓜子。老板布置的任务必须按时完成。你必须在父亲规定的时间内回家。驾车的时候你必须系上安全带，还得注意路边标识的限速说明，不得超速。这些规则在有些人看来是庇护他们生活的"盾牌"，但是在另一些人看来则是重重桎梏。如果你觉得遵守规则让你看起来像一个傻瓜，那么你就会一直琢磨如何打破它。

有些规则来源于其他人对你的影响，他们的信念或者行为模式已经成为了你心里的规则。这些规则在建立后就一直影响着你，它们时刻都不忘影响你，所以，你想打破这种规则，想与它们作斗争。

* **寻找复仇式的快感**

上瘾在某些时候可以给你带来复仇式的快感。比如，物业管理员早在两周前就给你发了催缴物业费的通知，但是你置若罔闻。今天你又接到了他的电话，通知你明天是截止日期，否则就要收取滞纳金。你虽然有些心疼滞纳金，但是想到延迟交物业费就可以让他的奖金泡汤，这是报复他的好方法，于是你一直拖到了截止日期后才去交了物业费。看电视成瘾也是一样，很可能之前工作太忙以至于压得你喘不过气来，或明知有很多集落下了却看不上，于是你索性暂时不看了，攒了大量的肥皂剧，直到终于有空时看个通宵。这种淋漓尽致的快感堪比一次成功的复仇带来的舒畅。

但请注意，以上种种可能是你的应激反应，更大的可能是：当你不停地追求自我控制感，想看电视就看到几点时，你是有意识的。所以，归根结底，看电视成瘾并不是因为从前受过管制，追求控制感也不是很好的借口，唯一的理由是你患上了软瘾。

7. 翻滚吧！问题的雪球

不管你出于什么原因开始患上软瘾，也不管你第一次"患病"是在什么时候，"软瘾"这个病就像星星之火，只要点燃了，就能引发燎原之势，一发不可收拾。你开始只是偶尔就范一下，只是在你碰到问题的时候，才会发作，可是逐渐地"软瘾"就变成了你的习惯、你的应激反应。不论什么事情你都有瘾，软瘾在不知不觉中吞噬着你的生命。它很可能产生滚雪球效应：一件分心的事连着另一件，问题也只会越来越多。

很多人都记得他们的第一次软瘾症，这件事在他们的心中打上了深深的烙印。调查结果显示，大多数人的第一次患上软瘾症都发生在学校里。学校是孩子们进入社会的第一个平台，这里是他们的"预备社会"。许多学校判断学生好坏的标准就是学习能力，或者明确地说是学习成绩。学校会依成绩将学生分成优等生、中等生、差等生。你也会在心里将自己分成某一类学生，一般优等生都只同优等生来往，你若是差等生，肯定是会被老师和其他等级学生瞧不起的那种。一旦被打下了烙印，这种分类就会对学生产生极大的影响。差等生即便日后能够出人头地，还是会时刻牢记自己幼年的失败，他们对自己的评价总是会比别人看自己要低很多。如果参加同学会，在那些优等生面前他们还是习惯性地觉得羞愧，觉得低人一等，哪怕现在他们比当年的优等生要成功，因为这种"我是差等生"的惯性思维已经成了根植于他们心中的一种"瘾"。

上瘾让问题雪球越滚越大

当然，每个人第一次患上"软瘾"的原因都不尽相同，但是后来的结局却殊途同归。以我几位邻居家的孩子为例，他们第一次患病的情景至今仍历历在目。

主人公之一：邻居家的孩子大鹏

大鹏的自述：以前我绝对是一个好学生，从来都是老师表扬的对象、同学们模仿的标尺。不论老师布置什么作业，我都会很快做完，然后放心大胆地出去玩。我觉得先做完该做的事再去放松,这是天经地义的事。可是后来发生的某件事让我的想法发生了一点儿变化。有一年暑假,我花了3天的时间将所有的暑假作业都做完了。那可是厚厚的几大本啊,我熬到很晚才做完的。

妈妈看到我这么勤奋,非常高兴,决定带我去姥姥家避暑。我一想到可以去小河里捉鱼,爬树摘果子,可以掰玉米棒子在野地里烧了吃……想到这些,我口水哗哗地往下淌。

在姥姥家过得非常开心,一直到开学前一天才回家。回家后收拾作业本,准备明天开学了上交给老师。可是找了很久都找不到作业本,我急得大哭起来。全家动员将屋子翻了个底朝天,后来才在狗窝里找到了残缺不全的半本和一些碎纸片。我们想了很久,后来得出结论,估计是我当时把作业本随手扔到了角落里,家里的小狗便乐颠颠地咬过去当垫子了。

爸爸为这事把我训斥了一通,要我收拾好自己的东西,不要乱扔。我想,如果我作业没做完,肯定就会把作业本放在床头,不会随便扔了。于是,后来我每次都会将作业本留下几页,等到快要开学的时候才做。我觉得这样也不错,因为一直记挂着有这事,所以作业本肯定不会丢了。

不过,后来我觉得,反正开学前要赶作业,多一点儿少一点儿无所谓。所以，我索性把所有的作业都留到开学前一天才做。于是，这便成了我的习惯，也成了一种"瘾"，直到现在长大成人，参加工作，不管什么事情，不管有多长期限，我总习惯等到最后一刻来临前才匆忙上阵。

主人公之二：邻居家的孩子海燕

海燕的自述：我从小一直是个乖乖女，从来不惹事，尤其喜欢看书，各种类型的书都喜欢。那时候没有网络，我们唯一的精神食粮就是书本。我看得多，自然也写得多，每次语文老师都把我的作文当成范文在班上念。我开始很得意，后来发现班上同学都绕着我走，谁都不爱搭理我。他们说我天天讨老师欢心，太讨人厌了。班上的同学都不跟我说话，也没人陪我玩。我很伤心，每天午休的时候都是一个人坐到操场边上发呆。我觉得自己的样子特凄惨，我不想被所有人孤立。

于是，当下一次语文老师布置作文的时候，我就磨蹭着不想写，后来真的没交，从那以后我就上瘾了，总是先玩个痛快到第二天上学前再起早赶作业。不过我还记得，后来我和班上的同学关系也没好转，一直到现在，我都没什么朋友。

主人公之三：邻居家的孩子伍德

伍德的自述：上节课老师在课上讲了一个数学公式，我当时又走神了，后来怎么都弄不明白，又不好意思向同学请教。那天老师布置的作业就是那个公式的应用，我生平第一次没交作业。当老师在班上问我为什么不交作业的时候，我说我把作业本落在家里了。说这话的时候，我面红耳赤，手心出汗。可能因为那是我第一次说谎，老师也就相信了，只说下次记得带来，就放过我了。之后，我生怕他问我有关这个公式的问题，我真的一点儿都不知道，也看不懂。而班上几个做错的同学就被老师点名罚站了，理由是"这么简单的题都能做错"。

我当时一直觉得侥幸，我要不是没交作业，今天就会跟他们一样被老师罚站了。于是，后来碰到类似的事情，我就下意识地逃避，以此来掩盖自己的不足，并且渐渐成了一种"瘾"。

在开篇我就说过，软瘾可能产生滚雪球效应：一件分心的事连着另一件，以至于问题的雪球越滚越大，甚至给自己的一生造成诸多负面影响。可见，软瘾这种病越快治愈越好！

PART2

这是病！
不能停止治疗！

——来自美国心理学家Judith Wright 的警告

美国查尔斯赖特学院著名的心理学家Judith Wright最先提出"软瘾"一词，并率先用这个词描述这一心理疾病对人们的危害。Judith教授说："这些习惯看似没有什么危害，一旦我们过度沉溺其中，在获取短暂的快乐后，它更多地是在榨取我们的时间、精力，麻痹真实的需求和感情，使我们渐渐远离自己真正想要的东西。"Judith教授认为，正因为每个年龄段的人们都难以逃脱"软瘾"的羁绊，我们才更需要在第一时间摆脱"软瘾"的入侵。

这是病！不能停止治疗！ **PART 2**

1. 赖特学院调查报告：90%以上的美国人有软瘾

Judith Wright 在其调查报告中指出，90%以上的美国人患有软瘾症。其中，过度使用网络、电脑、拖延在软瘾症状调查中位居前列。Judith 教授说："这些习惯看似没有什么危害，一旦我们过度沉溺其中，在获取短暂的快乐后，它更多的是在榨取我们的时间、精力，麻痹真实的需求和感情，使我们渐渐远离自己真正想要的东西。"

美国斯坦福大学某项研究报告指出：每8个人中就有1个人有网瘾，其生理表现为睡眠严重不足、眼睛疲劳等症状，其心理表现是想戒不能戒，期盼与更多的网友共处而忽略了自己的亲朋好友，离开网络期间情绪低落、暴躁、易怒。

"软瘾"这一新名词渐渐引起了世人的关注。因为不管你

Soft Addiction 小心！软瘾

有没有患上软瘾，都有人正经历着。

你是否无法自控到特想抽自己一巴掌？

下面，请参照阿曼达的经历，检测自己的"瘾"是否到了无法自控的地步。

阿曼达有一项重要且紧急的任务要在晚上完成。事实上，刚接到这个任务时是四个月前，再不完成就说不过去了。好在这天她饮食、作息状态良好，准备开工。

不知不觉一个小时过去了，阿曼达看着眼前的进度，心里得意地想：照这样看来不用通宵就能完成。我先休息一会儿来犒赏自己一下。说罢，阿曼达对着她心爱的梳妆镜像老巫婆一样地"啊哈哈"笑了几声。

请注意，她心里想的是：不用通宵就能完成。或许她不知道，永远放任自己，给自己最充足的时间，把事情拖到最后一刻是软瘾症患者的通病。

阿曼达想起今天新买的电脑，想测试一下性能——没想到，这是所有悲剧的开始。

装上了《文明5：美丽新世界》——阿曼达觊觎已久的一款经典游戏。正式开始前她给自己定下了"进入古典时代"就退出的目标。（软瘾症患者喜欢给自己设定一个目标，至于能否完成就不好说了。）很久没玩，技术却一点没倒退，阿曼达很快就进入了古典时代，对当前结果感到满意。没想到刚要退出，就有一个线上玩家"勒索"她："嘿，阿曼达，敢不敢再战一局？"

游戏世界里的阿曼达最受不了"激将"。

两个小时过去了，挑战者溃不成军。就在阿曼达再次要退出前，她又发现了两个让她看不顺眼的城市。阿曼达坚决要把这两个城市攻打下来再退。但城市的防御性极高且地理位置不利于展开兵力，想要攻打下来并不容易。还好阿曼达兵力顽强，一个半小时后拿下了这场战役。但由于阿曼达参与的战争太多，名声越来越不好，紧接着就有人向她宣战了。阿曼达咬牙切齿地开打，直到凌晨两点，终于搞定了敌人。阿曼达没想到一晚上的时间就这么浪费了，开始安慰自己："原来游戏世界的时间这么短暂啊，算了，把剩下几个一并消灭了我就可以安心开始干活了。"（软瘾症患者总是在无法自控的时候顺势找个理由安慰自己，然后继续享受软瘾时光。）

就这样，一转眼已是第二天早上六点。阿曼达不知不觉战到了天亮，疲惫不堪的她决定赶紧关机睡觉，完全忘了还有任务要完成。

Soft Addiction 小心！软瘾

第二天清醒后的阿曼达悔恨不已，她感叹道："人生，就这样悄悄在指缝中溜走了。回想四个月以来，像昨晚那样发誓要完成工作，结果熬通宵打游戏的情形已经不是第一次了。一想到好像毒瘾发作一样无法控制自己，就想抽自己一巴掌。"

也许，很多人都有类似阿曼达这样的体验，明知自己打游戏过度，想要停止却无法自控，导致自我放纵，结果耽误了大事。这在 Judith 教授看来，就是患上了软瘾症。

除了打游戏，还有前面讲到的网购、带手机、刷微博等，这些平时看似再正常不过的休闲娱乐方式，一旦过度就很可能成为阻碍我们前进和发展的绊脚石——软瘾症。

软瘾究竟是种什么"瘾"？爱好算不算"软瘾"？

Judith 教授最先提出"软瘾"一词，并率先用这个词描述这一心理疾病对人们的危害。Judith 教授表示，生活中的任何行为都有可能转化成软瘾，而我们每个人都患有不同程度和表现的软瘾症，关键在于度的把握以及是否及时治疗。

有一位朋友玩笑地问："为什么要叫'软瘾'？'硬瘾'不行吗？"

其实，这就好比有"软件"、"硬件"的说法。与"软瘾"

相对应便是"硬瘾"一说。简单地说,"硬瘾"就是广为人知的"物质上瘾",而"软瘾"则是"精神(心理)上瘾"。

最初,"上瘾"一词是由拉丁语"addicere"意译过来的。本意是指 A 与 B 两种事物相结合的过程。到了现代,"上瘾"的概念最早来源于医学中病人对药物上瘾的现象。例如,上瘾者对酒精、咖啡因、尼古丁的依赖。直到世界卫生组织重新定义了这一说法,上瘾是指药物与人体作用后形成的一种精神依赖状态。上瘾者如同有强迫症的人一样,身体产生持续使用该药物的反应,而其最终目的是满足自己的精神依赖,否则就会感到不舒服。所以,上瘾主要包括两种:一种是生理药瘾;一种是心理药瘾。显然,后者的瘾性更大、持续时间更久。举个最简单的例子,一个人想戒毒,单方面消除生理毒瘾是不够的,戒毒所的病人通常还要定期接受心理治疗,正所谓"一朝戒毒,终生想毒"。可见,心理之瘾对人身心的影响非同小可。换句话说,"软瘾"就是以强烈的心理之瘾及行为效应为基础,从起初的药物上瘾扩大到日常生活中的行为,导致做事拖延、效率低下、身体不适等一系列负面表现。

在生活中常常能听到身边的朋友自称"打麻将上瘾"、"运动上瘾",甚至某些粉丝会有"喜欢偶像瘾"。实际上,类似打麻将、运动、逛街等正常个人爱好是生活的组成部分,做这些事情的时候会感到身心放松，没有压力，心情大好，而且也不会投入太多精力，付出太大代价，即便对自己的偶像有特殊喜欢之处也无可厚非。

所以，正常的爱好不算软瘾，判断的依据是看这件事给自己带来的利益是否大于危害。如果答案是肯定的，就不算软瘾。

Judith 教授也曾解释说："我们不能把'软瘾'和正常的爱好混为一谈。"

如果做某件事让你觉得充满活力、感到快乐，那你很有可能是在调整自己，试着学习和成长，这是对个人爱好充满激情的一种表现。相反，如果某种行为给你的正常生活带来了不良影响，甚至头痛不已时也无法停止，恐怕就是染上软瘾了。如以上案例中的阿曼达抑制不住上网打游戏的冲动，宁愿为此放弃工作而玩到通宵，且持续四个月不能完成一项任务。

不要忘记 Judith 教授发出的警告信号：已有 90% 以上的美国人有软瘾！

一个事实摆在眼前——软瘾是种病，千万不能放弃治疗。

还好，借用微博上一条热门的段子作为本部分的结语："你有病，我有药！"

这是病！不能停止治疗！ **PART 2**

2. 不会让肌体死亡，也不会真实地存活

通过前面所述内容的了解，我们看到如果在某一（影响正常工作和生活的）事物中过于沉溺或上瘾，就会耽误不少"正事"。正事没办完如何是好呢？许多人自然而然就想到了（或者说只能无奈地）拖延。所以，拖延也是软瘾病的一种症状或表现。

许多成功者都能理解这句话："拖延等于死亡。"

对于员工来说，拖延就意味着劳动力价值的削弱，甚至消亡。

对于企业来说，拖延就意味着落后，挨打，甚至垮台。

微软（Microsoft）是举世闻名的IT神话、引领时代的科技巨人，然而，不论是比尔·盖茨，还是史蒂芬·鲍尔默，都坦

言微软迟迟才进入互联网,是其战略上无法挽回的最大败笔。

克服这种软瘾,可以使绩效迅速提高,使个人找到工作的价值。

相反,如果一味地上瘾,无异于一种慢性自杀,它的毒素渗入我们的肌理、骨髓,每时每刻地消耗着我们的热情、能力,最后终结无聊且无为的生命。

根据一项有关软瘾症的职场调查结果表明,有近六成的职场人都患上了软瘾症,只有三成的职场人声称自己没有软瘾症,剩下的部分人士对此持犹豫不决的态度。

调查还发现,50%的职场人拖延成瘾,他们往往会把手上的活儿拖延到最后一刻才去完成,"不拖到最后一刻,不会开始动手工作";有19%的职场人是"只拖延一会儿";有17%的人会将任务拖个"一天左右";还有14%的人是"不拖到领导再催,绝不完成"。

关于拖延症的发作频率,有43%的职场人认为是经常性的,31%的职场人则表明他们"一直都在拖延",8%的职场人表明"最近拖延的情况比较多",只有18%的职场人声称他们"偶尔"或者"很少"拖延。

表6 拖延症的发作频率

发作频率	职场人所占比例
经常性发作	37%
一直都在拖延	31%
最近拖延的情况比较多	29%
"偶尔"或者"很少"拖延	28%

而拖延症一般会发生在什么方面呢？有数据表明，有54.9%的职场人是拖延成了习惯，不管什么事都可能拖延；35%的职场人只在日常生活琐事上拖延，碰上大事还是会立马行动；5.1%的职场人说他们会在"小事，如常规的行政事务"上拖延，但也有5%的职场人表示他们甚至在"大事，如重要报告、产品设计等"方面也会拖延。

拖延让我们无法按时完成工作，不能受到嘉奖，无法升职加薪，让我们无法享受生活，让我们与健康体魄绝缘，甚至有很多人因为害怕排队，本该去做的例行检查没去，身体不适也拖着，希望能"拖"好。可谁料结果却是越拖越危险。有相当一部分高血压患者因为应该做的检查迟迟拖着不去做，到后来病情越来越严重；还有部分高血压患者就是因为拖着不做例行检查，不坚持治疗，到最后终于突发状况，撒手人寰。

当然，软瘾或许并没有我们想象中的这么"恶毒"，它至

Soft Addiction 小心！软瘾

少不会让肌体那么快地死亡，但是也不会让我们更加真实、高效地存活。当你拖延的时候，就注定要比其他人完成得慢，获得的回报就相应减少。不管在拖延的那一瞬间你的内心是否愉快，结果都是不变的。当你拖延成瘾的时候，就注定要荒废许多"正事"，不管后来你花多少精力去弥补，都不可能弥补时间的消逝。

3. 过度沉溺于 X 事件的疯子

前几年软瘾症似乎还没有现在这么流行，2007 年，当豆瓣的"软瘾症"小组建立的时候，很长一段时间内，只有几百人加入。但是不过短短数年，这个小组突然间出名了，吸引越来越多的人加入，大家纷纷在这里倾诉自己的软瘾恶习。很多人发现，其实不只自己有软瘾，这好像已经是一种常见的社会通病了。

《纽约客》的专栏作家詹姆士·索罗维基曾说过，软瘾症是人类的共性，相关研究数据表明，人类一直都患有软瘾症，不过到现代软瘾症才变得越来越严重。

他认为软瘾症的明显原因有两个：一是，现在的工作性质发生了转变。不像大工业时期，大家都在工厂里进行规模化操作，现在越来越多的人都是自己管理自己的时间，做着更加开

Soft Addiction 小心！软瘾

放性的工作，工作不像以前是即时完成的，现在的工期可能更长。所有这些都为人们提供了滋生软瘾的温床。二是，现在的娱乐活动越来越多，只要你不想工作，想消遣，你都能够轻松办到。只要你的电脑能上网了，你就可以随时溜号，将注意力从工作转移到各种各样的娱乐中去。

有关研究表明，年纪越大，软瘾症似乎就越不明显。有人说，当人进入60岁以后，折磨他一生的软瘾症似乎在逐渐减弱。是因为年龄的问题吗？很可能，因为人们年纪越大，越能感受到世间的压力，生命的截止日期在这里变得越发明显。另外，很大一个可能性是年长的人更加能够有效管理他们的冲动情绪，所以更善于将软瘾这件事延期，而先做应该做的事。

瘟疫来了！

关于软瘾，不得不说它像一种瘟疫，能够从一个人蔓延到一群人身上。下面要粉墨登场的，就是一个令人瞠目结舌的，过度沉溺于X事件的疯子：明阳。

如果软瘾是一种病，那明阳已经病入膏肓、无药可救了。如果说软瘾是一种颓废，那明阳已经颓废到一定境界了。常常是凌晨3点30分，明阳还在电脑前晃悠。本来夜里11点明阳就困得不行了，结果一直拖啊拖到现在。明阳自知，再拖下去，今天夜里就可以不睡觉了，当成是早起。

明阳周围的朋友都知道他没有时间观念，其家人也因为这件事跟明阳发生过无数次激烈的冲突，但是明阳实在改不了。有一次跟朋友约好一起吃中饭，对方10点打电话跟明阳约好时间地点，结果明阳在家拖着拖着，又看了会儿电视，看到了下午2点。手机没电了明阳也不知道，害得对方在餐厅等了明阳好几个钟头，还以为明阳出了什么大事。

只要跟人约会，明阳总是会迟到，所以大家习惯性地将同明阳的约会时间提前两个小时，就这样明阳也能迟到。一次和朋友约好1点去逛街，3点钟明阳才到指定地点，结果朋友早就等不及自己逛完回家了。明阳爸妈都是急性子，对于儿子的怪癖他们恨不得一巴掌打到明阳的脸上。他们天天教导明阳：日子一转眼就过去了，你这样像得了病一样，什么都做不了，什么都做不好。当你老得掉牙的时候，你就后悔得失声痛哭吧。

鉴于此，与爸妈约好的事情明阳总会提前准备。洗澡、梳妆，找可以搭配的衣服，打理头发，找要放在包里的东西，等到要出门的时候才发现找不到钥匙，于是噼里啪啦一通翻，等到最后却发现钥匙在抽屉里搁着。好容易出了门，才发现手机没带，于是又折回去找手机……所以每次明阳还是迟到。

Soft Addiction 小心！软瘾

任何事情，明阳总不会积极地去做，他渐渐发现自己上了瘾。因为这样，明阳买了一大堆碗、一大把筷子。吃过饭，不想洗碗，就放着，下次再用其他的碗。这顿炒菜了，用了炒锅，下顿就用炖锅来煮面条……直到所有的器具都被用了，实在找不到其他能用的了，明阳才极不情愿地洗锅刷碗。有一次，明阳实在找不到干净的碗了，正在郁闷时，突然发现可以用保鲜袋套在碗上用。明阳心中那个窃喜，于是就这样将就了一顿。

明阳刚从家里搬出来跟两个朋友合租的时候，他们俩都还挺高兴，觉得明阳看起来斯斯文文、干干净净的，肯定是个勤快、爱干净的好男人。合住了不过一个月，他们俩开始抗议了。但是，明阳却对他们的不满置若罔闻，难怪，他这样都几十年了，爸妈那么爱干净的人也没把明阳给整治过来，哥儿俩的手段还欠缺点儿。

每次轮到明阳做饭的时候，明阳就叫外卖，贵一点儿无所谓，关键是省了买菜、择菜、洗菜、做饭、洗碗之类的麻烦。轮到明阳做家务的时候，明阳就想办法投机取巧。他们俩怒极反笑，实在拿明阳没办法了，他们干脆向明阳看齐。

周末的早上，不到 10 点屋子里绝对没动静。10 点过后，"明阳们"陆续起床，随便收拾一下出门混饭吃。小区旁边有个 KTV，周末中午 11 点到下午 2 点，三个人的小包间才 40 多块钱，既能唱歌，还能享受一顿自助餐，这实在是老天垂怜啊。自从知道有这等好事后，"明阳们"每个周末都在那家 KTV 混一顿早饭带中饭。下午 2 点出了 KTV 的大门，到附近超市采购一些零食，然后回家上网看八卦，看各种各样的电视剧，晚饭就用超市买来的速食解决掉。

如果周末实在要出门见客，没办法，只好不情不愿地去洗个澡，等到要出去了才把自己收拾得像模像样。如果有人来"明阳们"家拜访，"明阳们"肯定要事先收拾一番，否则肯定能把人给吓死。床上被子没叠，一堆皱皱巴巴的衣服。衣柜门还没关严实，一拉开，就有一团一团的衣服掉出来。厨房里一堆脏的锅碗瓢盆，有的还发霉了。洗衣机里不知道放着谁的脏衣服，搁了好久都有异味了。

看到美剧《老友记》中钱德和乔伊看电视看到痴呆、不愿起身、不愿睡觉的例子，"明阳们"深以为然，原来"明阳们"不是最懒、软瘾症最严重的，"明阳们"还有其他的"战友"。他们俩天天唠叨说明阳把他们带坏了，他们以前是绝对不会不洗澡就上床，到天快亮了才发现自己一脸残相。

以前只有明阳一个人有软瘾症，现在"明阳们"三个全成了重症软瘾患者了。**软瘾的力量真强大啊，像瘟疫一般，染上了就摆脱不掉了。**

Soft Addiction 小心！软瘾

说实在的，上面这个例子中的许多行径很多人也经历过。总之，就是各种懒、各种颓废跟自己过不去，把自己搞得疲累至极。有人甚至认为软瘾是一种时尚，当大家都有软瘾的时候，自己的软瘾就不算什么，就算一种正常现象了。这不过是给自己找一个良心上过得去的借口罢了，他自己心里明白，软瘾这种病有多么不好。

4. 软瘾患者的自白

对于很多软瘾症患者来说，这种瘾并不是天生的，而是他们在实际生活中逐渐"培养"起来的恶习。很多人都发现，软瘾似乎已经成了他们生活中的"毒瘤"，经常发作，让他们饱受折磨。但是，这个"毒瘤"根深蒂固，所以，他们对此也无可奈何。

以下是一个软瘾症患者的自白——

> 我小时候就表现出了极强的美术天赋，当小孩们在打水仗、躲猫猫的时候，我已经对着一幅国画发呆了。虽然没有人告诉我那幅画画了什么，我还是为那幅画所传达的情绪所感染。就当我牵着绳子到山坡上放牛的时候，我会对着天边的火烧云傻傻地发愣，直到牛吃遍了这一片的草，

Soft Addiction 小心！软瘾

凑到近前来哼哼叫。

画画既费钱又没什么出路，画画的人都是下九流。"万般皆下品，唯有读书高。"我父亲这样教导我，说既然供我读高中了，那我就应该戒掉画画的瘾，专心学习。我也知道以我们家的财力想要以画画为生是不可能的，那都是有钱人家的孩子才能做的事。

于是，我安安分分地进了大学，大学毕业后找了工作，再也没拿起过画笔。我要为生活而奔波，每月几千块的工资要支付房租和各种必要的开支，日子过得捉襟见肘，我要想办法挣钱，画画已经不在我的考虑范围之内了。

可是，我经常会在夜里梦见我拿起了画笔，在墙上任意涂抹。在那一刻，我心中充满了喜悦和幸福。当我醒来时，我是那么的失落，好一阵无法抬头，我想去学画画。可是，我很快发现自己根本就没那么多时间，学画画的人都有大把的时间可以挥霍，春天的时候可以去郊外写生，我只能在办公室里埋头加班。周末的时候，如果不加班，我就想在床上躺着，好好歇一歇，躺在床上听音乐是一种极好的放松方式。

工作了这么多年，我似乎还是一事无成，没有得到理想的职位，薪水就更不理想了。没有买到房子，以我的工资水平,想要买房子是不可能的事情。有时候看到楼里的老爷爷老奶奶们拎着画夹出去写生,我无比羡慕。我想,等我退休了,我也能跟他们一样,重新拿起画笔吧。

这是软瘾症患者常见的状态!

想要学画画,想要学音乐,想要练习网球,想要征服全世界……这些念头在他们脑海萦绕了好几年甚至十几年,依然还只是念头而已,看起来似乎很难等到实现的那一天。他们总在期盼大块的时间出现,到那一天,他们就能全身心地投入到自己心心念念的事情中去。其实,这样的机会实在是微乎其微,生活中永远有意外发生,你能保证这样渺茫的机会出现时,你已经准备好了吗?

下面是一个典型软瘾症患者的痛悔自述——

起初,我觉得任何事情都该在截止日期之前完成。后来我发现,那个所谓的截止日期其实还有缓和的余地,所以我就将一些事情按时完成,一些看起来不那么紧要的事情都会拖一拖。

逐渐地,我会发现,不管是不是紧要的事情,我都会习惯性地缓和一段时间,哪怕是在截止日期的前一刻才草

Soft Addiction 小心！软瘾

草完工，甚至是根本就无法完结。我知道这样做非常不好，我自己心里很清楚，我为此饱受折磨，但就是无法更改。

曾经有段时间我和男朋友搬到一起生活，希望他能把我的拖延症给治好。他是一个雷厉风行的人，看准了就去做，执行能力很强。但是不久，我就发现了两人一起生活有着极大的不适应。

我每天晚上洗完澡后都要在电脑前磨磨蹭蹭，哪怕是不打游戏，也不知道怎么就逛到了夜里12点。当他从书房完成工作后走出来，就看见我裹着床单坐在电脑前。再看我的屏幕，更是让他气不打一处来，满屏幕都是些无聊的论坛和话题。在他的呵斥下我只好去洗脸、睡觉，但是洗脸又花掉10分钟的时间，这让他无比抓狂。我也觉得很委屈，我在网上逛得好好的，为什么要我这个点儿就睡觉，我根本就睡不着。

每天早晨起床对我来说更是痛苦的折磨。我反正是公司的老员工了，业务一向做得不错，所以，老板对我迟到的事情总是睁一只眼闭一只眼。9点上班，我总是8：30才从床上爬起来，随便洗漱一番，然后打车向单位狂奔而去。运气好的时候能准点到，运气不好自然就会迟到了。

可是自从跟男友住到一起，每天早晨7点就被他叫醒了。我一肚子的"起床气"还不敢冲他发作，因为的确是我理亏。我说过要早起去锻炼的，可是每一次都磨磨蹭蹭的，他等得不耐烦了，终于自己出门了。

就连我的工作他也要干涉。有时候我将工作带回家来做，他看我一边听着歌，一边敲字，屏幕下方还不时有头像闪动，疾言厉色地告诉我，这不是工作的正常状态，这样做效率低下，容易出错。可是我早就习惯了，一时之间怎么改得过来？

有一次他终于忍无可忍了，看到我明明第二天就要交一份调查报告，晚上还在网上闲逛，要做的报告才开了一个头。他极其严肃地告诫我这样做是在玩火，这样做是对人生的不负责任。我也被这段时间以来他的所有指责给激怒了，心里憋着一股火。于是，我们大吵了一架，最后终于闹到分手的地步。

看着他怒气冲冲地离去，我觉得无比后悔，可是我的软瘾症久已成习，实在是难以根除。我不知道用什么方法能让软瘾离我而去，我试过很多次想要振作，可是每次都以失败告终。

上面这个软瘾症患者已经将软瘾变成了一种生活常态，无论做什么事，她都会下意识地逃避。从早晨起床到晚上睡觉，

Soft Addiction 小心！软瘾

她的一天几乎大部分时间都处于软瘾病发的状态之中。在这种情况下，她的工作效率将会每况愈下，精神状态也会越来越差，这是不可避免的。

事实上，软瘾常常是少数人自欺欺人、逃避现实的表现。然而，不管我们是否患有软瘾症，我们的工作都必须由自己去完成。逃避现实或许可以暂时遗忘苦痛，获得短暂的轻松，但这并不能从根本上解决问题。对许多职场人来说，软瘾病发时最大的负面影响就是导致拖延工作，业绩下滑，长此以往，你势必会成为公司裁员的对象。我想我已经很清楚地指出了软瘾患者的问题和可能招致的后果，但可惜的是，这些话似乎并没有被人们真正接受并且切实执行！

5. 也许明天……

《羊皮卷》里有这样一句话：我应该活着，就像今天是最后一天那样地活着。把每一天都当成最后一天，立刻做必须要做的事情，不要再拖拖拉拉。过去再也回不去，明天也不能到来，我们能够把握的，唯有现在。

所以，请永远不要对自己说，也许明天会怎样。因为，当你持续地说你非常忙碌时，就永远不会得到休息的空间。当你持续地说你没有时间，就永远不会得到时间。当你持续地说这件事明天再做，你的明天就永远不会来。

白莉有个梦想，那就是成为一名油画家，这是她心底隐藏的渴望。那是她读高中的时候，一次无意中看到梵高的《向日葵》，她被深深地震撼了。但是，当时没有时间，大家都在为

Soft Addiction 小心！软瘾

了考大学而拼命努力，每天都是教室、食堂、宿舍"三点一线"，走路的时候都是急匆匆的，没心情欣赏扑面而来的春风和随风摇摆的柳条。高考过后，她陷入了极度的空虚和迷惘中，是否能够考上大学，该填什么志愿，能否被理想的大学录取，这些都占据了她的全部身心。她终日惶惑不安，偶尔打开油画册子翻看一眼，却静不下心来仔细观摩。

进入大学后，先军训半年，半年后开始了忙碌而紧张的课程。白莉总想去学油画，但是又觉得时间太紧张，每周都有忙碌的功课，还有各种社团活动，分身乏术，何况当时也没找到合适的老师和课程，于是学油画的事就这样被耽搁下来。

大学毕业后是紧张的找工作的阶段，然后是入职培训。从学校的学生变成了"职场菜鸟"，一步步战战兢兢地做下去，终于到现在，她已经在职场熬了好多年。每一次有空的时候，白莉都想起自己学油画的愿望，但是看到眼前一堆忙碌的事情，她只好宽慰自己，明天再学吧。晚上躺在床上，她就想着明天应该去报个油画培训班，从头学起。可是，第二天总是会有各种各样的事情要做，到现在她也没能开始学油画。

某部日剧中有这样一句台词：打算明天再做的人是傻瓜。因为明天总会再有明天，这样一天天拖下去，想做的事情永远做不了。当你垂垂老矣，回首过去的岁月时，总会有无穷无尽的遗憾。那你为什么不从现在开始切实去行动呢？

"没事，还未到截止日期，一切都可以挽救，明天再说，明天再做。"这是大部分人的口头禅。他们一贯的做法便是将事情留到明天再做，而这个明天还会再有明天。所以，最常见的结果就是，每次到截止日期之前，他们都急得如热锅上的蚂蚁，拼命地努力。而在此之前，他常常是东游西逛地打发时间，好像对一切都满不在乎一样。每一个截止日期对他来说真的就像死期一样，但是每次他都是"好了伤疤忘了痛"，从来没真正汲取教训。

明天根本就不存在

明代文人文嘉有一首著名的《明日歌》，想必大家都烂熟于心了。

> 明日复明日，明日何其多。
> 我生待明日，万事成蹉跎。
> 世人若被明日累，春去秋来老将至。
> 朝看水东流，暮看日西坠。
> 百年明日能几何，请君听我明日歌。

Soft Addiction 小心！软瘾

看沙漏最能感受时间的流逝。从我们出生的那一刻起，沙漏就开始缓慢地往下漏着沙子，一粒一粒，永远如此，不会变快，也不会变慢。当所有的沙子都漏完了，我们的生命也就结束了。很多时候，我们都这样对自己说：这个任务留到明天再做吧，反正下周才交，时间来得及。实际上，我们不过是在自欺欺人，我们的明天根本就不存在。

赫拉克利特曾说："人不能两次踏入同一条河流，因为无论是这条河还是这个人都已经不同了。"我们梦想中的明天在到来的时候就已经是今天，在这个今天再期盼明天，那这样的明天将永远不会到来。时间的沙漏永无止息地流逝，不会因为我说"留到明天再做"就为我停止了流逝。有位哲人曾说："不珍惜今天的人，没有明天。"这句话确实不假，但是严格地说，我们只有现在。我们每时每刻都生活在现在，而不是明天。"明天"是软瘾症患者创造的词，他们为了及时行乐、沉迷于当下，却不得不拖延，所以这只是用来麻痹世人和自我安慰，因为明天只存在于我们心中。

有人以为明天很美好，明天总会比今天更好。但实际上，我们谁都不知道明天将会发生什么样的事，说不定还不如今天呢。那我们为什么要把希望寄托在未知的明天呢？说到底，我们就是为了逃避今天的责任，把本来应该今天面对的事情拖到明天,期望明天一切都会好转。可事实告诉我们,这是不可能的事情,其实明天同今天并没有分别。我们在今天不愿意去面对的事情,到了明天还是得硬着头皮去面对,并且因为截止日期的临近,你在明天会比今天更焦虑,你会经受更多的折磨。你越是拖延,到最后就越是狼狈。这已经是你亲身经历过的事实,不会改变,为什么总期望明天就会变得不同呢?

有位哲人曾说,毁灭人类的方法非常简单,那就是告诉他们还有明天。对,告诉他们还有明天,那他们就不会在今天努力了。

如果一件事没有明确的截止日期,拖延对人们来说就是再容易不过的事情了,因为在他们眼里永远还有明天。即便是那些有截止日期的事情,你还是会不顾一切地沉迷于当下,一拖再拖。大多数时候你不敢错过截止日期,你会选择在最后一刻努力冲刺。

所以,一定要告诉自己:明天根本就不存在,错过今天,明天永远不再来!

6. 拖延？没那么简单

软瘾症不只包括拖延，但它会耗尽你大部分的时间，让你不得不拖延。所以，拖延是软瘾病发后最常见的表现（负面影响）。你也许会问：难道拖延就一定有软瘾？一定是不好的吗？不一定！软瘾不只是拖延那么简单，而拖延也有自己的分界线。

英语中的"拖延"这个词来源于拉丁语，是由字根"向前"和"为明天"组合而成的。但是，"拖延"不仅仅只推迟某事这么简单。拖延是一种习惯性行为，它是病态的、不良的习惯，它会将重要的与有时间限定的事情推到其他的时间去做。这样的做法往往会带来一些不良后果。

我们生活在一个错综复杂的世界里，对于即将到来的事情，我们不可能始终持积极的看法。我们可能会对某些事情持负面看法，这些看法中会包含某种转移注意力的冲动，让你迟迟不敢去做这事，而采用其他无关紧要的事情来代替。在这种过程中又多半会伴随着拖延思维，就好比"等过一阵，等我觉得我的状态好了，我做足了准备的时候再去做这事"。拖延不是一种简单的逃避行为，它是一系列因素交错作用的结果。

诸如"晚点儿也许会更好"的想法最早不过是一粒小小的种子，但是你若为其发展提供了温床，它将会在你的心头疯长，很快就会变成一棵参天大树。那些拖延的决定使得你推迟要做的事情，让你得到短暂的欢愉和希望。这些欢愉同希望的感觉会再次加强你的拖延行为，使你在面对同样情况的时候更倾向于再作出拖延的决策。而后，顺理成章的，你可能会为自己的推迟找借口，并一直为自己请求延长期限。

拖延包括各种各样的推迟模式，它不是**某一部分人的专利**。就好比人人都有可能染上软瘾症，它对不同经济水平、专业领域、年龄的各色人等都发挥着同样的作用。事实上，每个人起码都有一个严重的拖延问题需要解决，尤其是工作中的拖延。

研究显示，拖延与智力没有关系，所以，当你总是拖个不停的时候，你不要因此就认为："我就是智力水平不高，所以才会总是拖延。"拖延的情况在各行各业都存在，尤其是需要自我管束的那些人。因为没有了外在约束，他们更容易将事情扔在一旁。虽然现在竞争如此激烈，你我都知道，在这种环境下，如果不能大幅进步就等于落后，但是你依然如故，脚步停滞不前。在家里，清理衣柜，打扫地下室，修建草坪……诸如此类的事情常常等着你去做。

拖延的分界线

很多人对于拖延没有明确的概念，无法分辨事情的处理顺序和拖延有什么区别。很多时候，因为我们无法兼顾每一件事，我们需要一定的放松和休息，所以有些事情势必会延后处理。如果想要弄清你有没有在拖延，一个很明显的界定标准就是看它是否让你感到焦虑不安。

与拖延症不同，有时候人们需要将一些事情刻意延后，等到合适的时机去处理，或者他们需要更多时间来想想这件事是否应该做，该如何做，或者他们需要集中精力先攻克最重要的事情。这并不是拖延，而是有选择地处理自己的事务。

有时候，你经常会遇到以下状况：所有的麻烦事好像一下子都出现了，让你不知如何应付。有一天，你急着参加一个重要的会议，这时候邻居打电话来了，说你家水管突然漏水，把楼下给淹了。你无法抽身回家，你还知道今天是银行还款的最后一天，你的丈夫正好这段时间又出差在外。有一个许久没见的朋友想约你晚上一起吃饭，但是你不知道今天是否赶得及。面对这样的情况，你觉得疲于应付，感觉头都大了。但实际上，有些事情必须延后处理，譬如跟朋友的约会就可以改期。我们不是超人，不可能一下子将每一件事都做得井井有条，所以不必为此过分烦恼。

  有些人虽然也拖延，但他们不会因为这些事情而苦恼不已，因为他们的拖延只发生在无关紧要的领域，而对于重要的事情，他们基本上都能按时完成，他们的拖延对于所完成的事情来说不值一提。那么，这样的拖延就不会成为软瘾的负面杀手！

PART3 "软瘾"这种病，到底是怎样缠身的？

——软瘾症在生理学与心理学中的解释

新事物的发展总要经历一个循序渐进的过程。"软瘾"这一新名词虽然尚未得到全世界所有专家的认同，但它确实是真实存在的。Judith教授研究发现，人们之所以会在负面情绪或巨大的压力逼迫下变身"购物狂"甚至虚度光阴，从而增强免疫系统的效率，这是因为趋利避害是人的本能之一。只是每个人的生理、心理状况不同，遇事时作出的反应也就不同罢了。

"软瘾"这种病,到底是怎样缠身的? PART 3

1. 心理左右了生理,情感入侵了理智

美国作家塞缪尔写下过这样一段文字,或许可以解释软瘾症为何会缠身于我们:"我们一直推迟我们知道最终无法逃避的事情,这样的蠢行是普遍的人性弱点,它或多或少都盘踞在每个人的心灵之中。"

"软瘾"这一新名词虽然尚未得到全世界所有专家的认同,但它确实是真实存在的。Judith 教授研究发现,人们之所以会在负面情绪或巨大的压力下变身"购物狂"甚至虚度光阴,从而增强免疫系统的效率,这是因为趋利避害是人的本能之一。只是每个人的生理、心理状况不同,遇事时作出的反应也就不同。

软瘾现象在大学生中表现得尤为突出,据美国一个机构针

对大学生作的调查发现：

患有轻度软瘾的大学生占 58％，患有中度、重度软瘾的大学生占 42％，其中，患有中度软瘾的大学生为 24％，患有重度软瘾的大学生的检出率为 18％。

不计其数的人怀有雄心壮志，但为什么大部分人没有如愿以偿，甚至很多人还在温饱线上挣扎？我们感觉工作了很久，但为何实际上大部分时间都在打岔、走神？其中大多数人是因为不知不觉患上了软瘾症。从事任何职业的人都可能染上软瘾的瘟疫，但绝大部分人都是知其然不知其所以然，只知道自己患有软瘾，却不知是如何被这种"病魔"缠身，以至于想要治疗却无从下手。

情感与理智的较量

想想你每一次早晨起床时的经历吧，是不是像下面说的这样？

在被窝里不停地翻滚，迷茫状态下条件反射般地关掉闹钟，然后继续睡，在睡得正香时，脑海总是不自觉地展开"起床还是不起，这是个情感与理智的较量"等思想斗争。而每次潜意识都会这样劝导自己——没事的，不如再睡半小时吧，就睡半个小时！半小时后绝对会起床，到时督促出租车司机把车开快点，时间就一定来得及。

结果，半小时后你匆匆忙忙爬起来，好不容易坐上了车，却无情地又一次被堵在上班路上，每每此时，你总会郑重其事地暗暗告诫自己：明天我一定不赖床！一定早点起！

实际上，第二天会发生什么呢？

对软瘾症患者来说，第二天依然重复着第一天的软瘾症状。

软瘾缠身的原因千千万万，然而，其表现形式却千篇一律：明日复明日。

不管你是放弃了通宵，还是努力一搏完成了必须完成的任务，软瘾症患者似乎都经历着一次又一次严峻的考验，感觉精疲力竭而近乎崩溃，最终如释重负。

当软瘾症患者从重负中走入轻松，就会有种劫后余生的感觉，很不希望再经历一次这样的折磨，这种折磨实在让人无法忍受，好在这种糟糕的经历已经过去。

于是，"过来人"都会发誓："下一次一定要早一点开始，控制好自己，一定要理智，不能感情用事，一定要严格按照计划把事情做得井井有条。"

软瘾症患者毅然决然地与"拖延"告别，下定决心从此不再步入软瘾症的恶性循环。下一个任务再次出现了，这个怪圈

Soft Addiction 小心！软瘾

能否就此画上句号呢？一个坚定的誓言能否终止软瘾的恶习呢？

尽管你诚心诚意并痛下决心，但大部分的软瘾症患者都会重蹈覆辙，一次又一次地在这个恶性循环中挣扎。

软瘾症会带来巨大的负面影响，比如，让患者丧失掉很多机会，被焦虑、压力、负罪感困扰，产生效率低下的挫败感、荒废时光的负疚感，等等。

只要看看这些负面影响，想必就不会再轻易触碰软瘾。软瘾的负面影响足以让很多懒人变得勤快。但是，很多人仍然无法放弃软瘾。

到底是什么原因呢？其中一个原因常常被认为是懒惰，然而事情并非如此简单。

科学研究表明，大部分人都有一种及时行乐的心态，把当前时间用于享受，从而生成偷懒的恶习；把必须做的重要的事，寄希望于将来。

例如，选择食谱时，人们往往会把健康的饮食计划搁置一边，而选择先吃麦当劳。如果有人问你一周后想吃什么，一个水果还是一块蛋糕，你往往会选择水果；但要问你现在想吃什么，你就更有可能选择蛋糕。

再比如，你会把现在宝贵的时间用来看八卦新闻，而遗忘了已经下到电脑中的一部又一部经典电影。买回一大堆书，准备读完这些名家大作、哲学经典来充实自己,可实际上这些书跟着你回家后,放在书架上就再也没被拿下来过,积累了厚厚的灰尘。

  可见,人们在做选择时,会本能地生理左右心理,情感侵入理智,趋向于获得当下短暂的享受。这也是为什么"现在的选择"和"以后的选择"就像选择糖果和胡萝卜。相信少有人愿意选择胡萝卜而放弃品尝糖果的美味!

2. 由习惯转为仪式化的图腾崇拜

亚里士多德曾说:"人的行为总是一再重复,因此卓越不是单一的举动,而是习惯。"习惯对我们的生活有极大的影响,因为它是持久的、连续的。习惯在不知不觉中长年累月影响着我们的品德,暴露出我们的本性,左右着我们的成败。当软瘾变成了我们的习惯,我们就相当于在慢性自杀,我们沉迷其中,但是时间却不停地流逝,习惯渐渐成了仪式化的崇拜。也许在我们等着合适的时机去做事时,死神已经来召唤我们了。

站在心理学的角度来探索软瘾患者的心理,可简单归结为:当你成功上瘾后,就会被软瘾症洗脑,而洗脑者(软瘾症)会制造一些仪式,把抽象化的思维具体化、有形化,让你形成图腾崇拜。你之所以会沉迷其中,是因为长期的习惯犹如一种庄严的仪式，让你按照既有的模式去做，而你也乐此不疲地从这种模式中获得快感。

虽然不管哪种习惯都是软瘾，但是软瘾的种类多种多样。如果想要彻底告别软瘾，你就应该先了解自己的软瘾到底是哪种类型。孙子曾说："知己知彼，百战不殆。"只有充分了解对象，你才能针对对象采取正确措施。如果你能够辨明自己矫正软瘾的方向，你就不太可能将时间都浪费在错误的应对措施上。

- 行为型软瘾

行为型软瘾是最常见的软瘾类型了，我们经常会面临这样的情况，需要完成一项任务或者计划时，常常做到一半就无法坚持或者草草收场。这样潦草应对，自然是无法取得成功的。比如，你想建议老总开发一个新的市场方向，你也为此作了一些市场调查，可是你在撰写调查报告的时候觉得缺乏可操作性，或者是你觉得这项工作耗费精力，而你现在没有这么多的时间和精力，于是这份未完成的报告书就一直被放在你的文件夹里。每一次你打开文件夹时都能看到它，这让你非常难受。

- 保健型软瘾

保健型软瘾，顾名思义，就是不肯作出有益健康的选择，以及推迟健康计划的实施或者日常维护。你不是不知道这种软瘾会给你带来多严重的后果，但是你总心存侥幸，觉得这种悲剧不会发生在自己身上。

例如，你牙疼很久了，你知道自己的习惯不好，也试着努力改正，但总是重蹈覆辙。你想去医治牙齿，但是看牙的人太多，要预约到几周以后。几周过后，你发现自己的牙已经不疼了，并且这时候又很忙，于是，你便放弃了去见医生的机会。等到下一次牙疼再次发作的时候，你又会后悔上次没去看牙医。

- 反抗型软瘾

这是一种消极的反抗性行为。当你认为自己的某种权利、便利或者权益被侵害时，你无法采取主动的反抗形式，于是，你就消极沉迷于各种软瘾症中。当你坚信自己的权益被威胁时，你的感觉、思维和行为都开始处于对立的状态。你抗争所有的事情，尤其是那些让你无法忍受的劝告。你本来有很多事情想去做，但是有个"最后期限"横亘在这里，将你禁锢起来，你很气愤，于是试着逃避这个最后期限，以示反抗。

医生告诉你减肥需要大量运动并注意节食，避免摄入高脂肪、高蛋白食物。可是巧克力、冰淇淋之类的食物都是你的最爱，所以，你为了反抗医生的权威，故意蜷在沙发里，一边看电影，一边吃巧克力。这让你很享受，同时也让你羞愧，因为你明知这是错误的做法。

- 改变型软瘾

改变型软瘾在思维顽固的人那里极容易出现，他们逃避任何改变。你害怕面对新鲜事物,害怕自己无法操控,于是下意识地患上软瘾。因为你不确定这些改变会带来什么样的后果,你就会对这种改变非常抵触,如果这种改变是无法避免的,你会尽力沉迷于其他软瘾症状中。当你对自己放下一件事做另一件事的做法非常厌弃,或者当新的改变与你固有的观念相冲突时,改变型软瘾与反抗型软瘾会交互出现。

- 迟到型软瘾

患有迟到型软瘾的人常常会被称为没有时间观念的人,不论大事小事,他们都会习惯性地迟到。他们上班的时候总会迟到,虽然会被扣掉考勤工资;他们在开会的时候也会磨磨蹭蹭,往往主持者都开始发言了,他们才轻手轻脚地从后门溜进去。

患有这种软瘾类型的你,是一个超级不守时的人,这一点让你声名狼藉,难以取信于人。你知道这是自己的一大恶习,但是总也改不掉。每次朋友约你出门的时候,你也总想早点儿到,于是很早就开始准备,先洗个澡,看看时间足够,边找衣服边听音乐,等到打扮完毕,你发现时间已经不早了,你于是赶紧收拾要带出门的东西,关掉音乐。但是,这时你会发现窗子要关上,水阀要关上……等到你终于出门了,你会发现你的时间已经很紧张了。当你终于上路的时候,却发现路上堵车了。

- 学习型软瘾

学习型软瘾是一种复杂的软瘾类型,它的发生不分场合,不管是在工作场所、学校还是家里都有可能。学习型软瘾的情况很复杂，也许是你担心自己的学习能力不够，也许是别的原因，但是，你总是下意识地逃避学习和研究。

你一度想了解建筑设计方面的知识，你花了很多时间在网上浏览相关书籍介绍，花了很多钱买了很多关于这方面的书籍。但是，当书买回来以后，你就没有了兴致，你有很多事情要做，这些书就被你放到书架上，再也没被翻阅过。

- 承诺型软瘾

你对自己的拖拖拉拉性格非常愤恨，你想重新开始，想行动起来，塑造一个全新的、积极的自我。但是当你下定决心，并且做出详细的计划表时，你又开始拖拖拉拉了，许多应该做的事情都被你堆在一旁。

每一年的年底你都会写下一年的全年计划，但是当新年来到的那一天，你又不知所措了，你没有开始，或者开始了也没有坚持下去。到了年底，当你翻看当初的计划时会伤心地发现，你的那些愿望大半都没有实现。

- 穷忙型软瘾

很多人一直忙忙碌碌，忙得吃不上饭，没时间睡觉，更没时间出去旅行、娱乐。他们总是在抱怨自己太忙了，可实际上他们的那些忙碌都是些无意义的行为，没做出什么有价值的事情。那些重要的事，那些本该早早做的事情，却被他们抛到九霄云外去了。所以，他们看起来比谁都忙，实际上却没有向前进一步。

- **消极逃避型软瘾**

习惯这样做的人一般都很胆小怕事，他们本着"多一事不如少一事"的原则，尽可能地让步，不想招惹麻烦。他们会小心翼翼地避免冲突，即便对方的举动非常过分，他们也会忍气吞声，不想发生冲突。他们会注意躲开可能招致批评的行为和局面。

这是很常见的做法，没有谁愿意总是同他人处于矛盾之中，每人都想与人相处融洽。但是，凡事需有度，你为了避免反对意见，对他人唯唯诺诺，放弃了自己的话语权，这就实在太不值得了。

林静是个恬静乖巧的女孩子，从小就胆小怕事，从不主动招惹是非，如果有什么事不幸波及她，她也会尽力回避。公司同事知道她是这种性格，很多人为了省事，常将本不属于她的工作都推到她头上。林静很是郁闷，自己手头的工作本来就很多了，这样下去加班也做不完。但是她又不敢对人说"不"，只好尽力将别人的事情赶紧做完，但是，轮到做自己的事情时就没有那么多时间了。她不是想故意患上软瘾，可实际上她分内的工作一直身处软瘾症状中。

Soft Addiction 小心！软瘾

- **回避责难型软瘾**

你非常在意别人的看法，总希望别人眼中的自己完美无缺。你会尽力避免别人对你的不满、批评或者责难。有些情况可能招致批评，你会想尽办法逃避，并且试图掩盖那些明显的错误与失败。

虽然老师布置了一个演讲作业，但是你迟迟不去做，以致错过了最后的期限。老师会私下里把你叫去，对你说："我希望你今后在这方面更加努力一点儿。"你很羞愧，但同时因为没有听见他说："你蠢得无可救药了，你就是个榆木脑袋。"这就是你不做作业的原因，你怕他发现你原本这么愚蠢。但是，如果你沉迷于某件事情中，不去做，老师就不会知道你到底表现得怎样了。

软瘾给你带来了一些心理慰藉，你一方面觉得难受，却又不自觉地爱上软瘾症带来的快感。可以肯定的是，不管你什么时候开始患上软瘾，只要发作了，就很难终止。

3. 心中的蛀虫：完美主义

你自己是不完美的，可能你早就意识到了这一点，但是你情感上无法接受。你不能接受自己是不完美的现实。很多完美主义者认为，成就不只是达成目标或者能力出众那么简单。他们认为成就高于一切，相较而言，其他的都不值一提。但是，很多完美主义的拖延者虽然看重成就，但是却怀疑自己取得成就的能力。他们在远望成就和自我怀疑之间摇摆，最终不得不靠沉溺于某件事物（患上软瘾）来让自己得到心理上的满足。

那些力求完美的软瘾症患者内心隐藏着一些坚信不疑的信念。这些信念操纵着他们的生活，它们看上去非常崇高伟大，它们让你觉得自己是个与众不同的人。而实际上，这些信念会让你对现实生活极度失望，它们不仅没有帮助你进步，反而将你拽进软瘾的深渊。

软瘾症患者的完美信念如下：

- **平庸是无法忍受的**

很多软瘾症患者在心底认为自己是与众不同的，自己天生就要出人头地，他们对自己寄予很高的期望，期望自己每一件事都比别人做得好。他们希望自己文武双全，腹有经天纬地之才，面如冠玉。不仅事业比别人成功，还要擅长各种运动，吹拉弹唱样样在行。

因为你对自己的期许是如此之高，所以不管你在实际生活中做什么，跟你的理想值相比都太普通，太不值一提了。你看不起自己日常的表现，于是也顺带着看不起自己。你尤其无法忍受自己犯错，于是通过沉迷于某件事（患上软瘾）的方式来安慰自己，逃避现实。如果你一直拖到最后才努力，那么表现平常也是正常的现象，你会这样宽慰自己：如果我有了足够的时间，我一定会达到理想状态。如果你害怕失败，所以拖到最后也不开始，你可以这样告诉自己：我不过是没有开始做这件事，如果我做了，就一定会成功。这样的做法能够让你在表现得不尽如人意的时候给自己挽回自尊，避免小看自己。

- **无须努力我也能成功**

完美主义的软瘾症患者相信他是一个出类拔萃的人，任何事情都无法难倒他。只要他真的去做了，所有的困难都会迎刃而解，他会有层出不穷的创意。学习对他而言不是折磨而是享受，他会遨游在知识的海洋中。他能够看准并且果断出手，决不拖泥带水。

他们对自己的要求是如此之高，以至于根本不能实现，面对不能实现的失败，他们又会倍感低落，于是瞧不起自己。

一个作家曾这样说："我对于自己写不出来好的作品感到自卑，我觉得自己实在是太丢人了。我读过这么多优秀的作品，我文思泉涌，我也写出过不错的作品。我原本应该下笔千言、倚马可待的。但是，我现在盯着屏幕，半天无法敲出一个字。我对这样的自己异常恼怒，我无法面对自己。于是，我想办法转移自己的注意力，打游戏起码能暂时让我放松，使我忘记自己是这么没用的人。"

- 万事不求人

"万事不求人"是中国的一句老话，也是很多人的心声。很多完美主义者不愿意求助别人，将事情交给别人去做。一方面，他们放不下身段；另一方面，他们认为自己完全能够胜任。其实，没有谁是全知全能的，一个人无法将所有的事情都做好。很多事情都需要团队成员共同努力才能完成，或者说才能更高效地完成。常言道："三个臭皮匠，顶个诸葛亮。"有人一起商量、一起努力能够提高做事的积极性和效率。但是，这些完美主义者宁愿自己百思不得其解，宁愿在孤独中做事饱受折磨，并且他们认为这是有骨气的表现。他们将求助看成是软弱可耻的表现，真正优秀的人绝对不屑于做这样的事。当他们在孤独中无法完成任务时，到最后负担像雪球一般越滚越大，软瘾就成了他们苟延残喘的机会。

- 每个问题只有一个正确的解决方案

完美主义者知道一件事不一定只有一个解决方案，但是他们始终认为最正确的只有一个。他们要找到这个最正确的方案，而在此之前，他们不愿意采取行动。他们认为与其冒着作出错误决定的风险，不如什么都不做。

完美主义者害怕犯错，他们担心作出错误的决定之后，自己会瞧不起自己，会在后悔与自责中饱受折磨。所以，他们宁愿拖着不去作任何决定，而软瘾（不去执行和面对，反而沉迷于其他不相干的事）成了避免他们犯错的法宝。

- 是一个争强好胜的人

很多软瘾症患者看起来都很低调，没有那么强势。他们总是拖拖拉拉，做什么事都不在状态，所以他们过早地就失去了与人竞争的资格。事实真的是这样吗？

实际情况是，很多完美主义的软瘾症患者都厌憎竞争，最主要厌憎的是竞争中的失败，所以他们尽量避免各种形式的竞争。他们深刻地意识到：竞争是危险的。因为他们有可能失败，而他们无法容忍失败的结果。但如果他们根本就不参与竞争，所以也就不会有遭受失败的可能性。

这种软瘾者注定要面对失败，因为他们预先给自己设定了患上软瘾的借口。譬如一个学生用不常用的左手来画画，画得不好的时候，他会告诉自己："这样已经很不错了，如果我用右手来画，当然能够画得更好。"

- 如果不能做到完美，我宁愿什么都不要

完美主义的软瘾症患者对于失败与成功的界定非常明确。一件事如果没有完成，那它什么都不是，只有完成了，它才具有存在的意义。他们对事物的看法趋于两极化：一件东西，如果不是黄金，那就是垃圾。很多时候，他们坚持了许久，却在临近终点的时候因为看不到希望而放弃，他们认为这是一件很平常的事。因为他们认为，事情如果没有完成，那就是零。

这种非此即彼的观念对人的影响巨大，它会影响到一个人制定目标的想法，会令人想要突然间达成所有目标，如果无法做到，就是彻头彻尾的失败者。

苏珊在上月底给自己制订了一个销售计划，这个月她必须成交 10 单以上，总金额在 400 万元以上。这个目标实在很远大，大家都觉得苏珊肯定无法完成。苏珊这个月的销售额达到了 300 万，业绩是部门第一。但是苏珊仍旧觉得非常沮丧，因为她没有达到预期的目标。哪怕她已经做到了部门第一，她还是认为自己毫无用处。

如果你始终持有这种宁缺毋滥的心态，生活中的很多事都能让你感到沮丧。比如：

你没完成最初设定的每一件事；

你中途改变了原有的计划；

也许有些事情你做得差强人意，但是远未达到完美的境地；

你觉得自己本应该被人认可，但是未能达到预期的效果。

遇到这样的情况，你就极度沮丧，因为事实与你设想的相距太远了，你感觉自己一无所成。当然，如果你眼中只容得下完美，那么你注定会遭遇挫折，因为这是一个永远无法达到的目标。而你，也只能永远在那些不相干的事情中沉迷、堕落！

4. 逃避是人体本能的行为机制

逃避问题，使得享有盛誉的企业声名狼藉，使得一代枭雄乌江喋血。在现代社会里，人们对企业提出了更高的期望。但个别企业在遇到问题时采取"鸵鸟心态"（逃避），是一种掩耳盗铃、自欺欺人的消极态度，无益于解决问题，只能使问题陷入更严重的状态中。

软瘾是一种消极反抗现实，逃避现实的本能冲动反应，因为现实让你感觉不满、难受，所以你为了逃避不适患上软瘾。你将自己的注意力转移到一些替代性活动上面，希望使自己的情绪得到缓解。

拿破仑·希尔发现：只要对一些伟人的传奇生平加以研究，就会发现他们从不恐惧或逃避生活的考验，他们每一个都是经历了生活的严峻考验，才能"功成名就"。

"人非圣贤，孰能无过。"出现问题，承认问题，勇于面对问题，才能使问题趋于明朗化。

前美国总统克林顿在"拉链门事件"之初，采取"提起裤子不认账"的态度，美国公众和独立检察官斯塔尔非揪住他不放。克林顿一看形势不对，立刻改为"博同情"战术，在电视上一把鼻涕一把泪地向美国人民道歉，公众情绪迅速转为同情。舆论总是保护弱者，事实上，人们感兴趣的往往并不是事情本身，而是当事人对事情的态度。因为从心理学的角度讲，**人们的感觉胜于事实**。

对于很多患有软瘾症的人来说，他们的生活如一团乱麻，他们不知道自己下一步该做什么，看不清未来的方向。他们对人生只有短期的计划，很多时候都是走一步看一步，没有明确而长远的规划。对于这样的人来说，时时遭遇挫折就毫不奇怪了，他们很多时候甚至会下意识地逃避成功，下意识地拖延手头的事情。因为他们对未来没有明确的规划，潜意识里害怕各种改变，希望保持现状。

很多人选择用自责、自律或监督的方式来告别软瘾症。这些方式短期内或许有用，但长期来看基本没用。因为软瘾本身就是因为内心的焦虑导致，而逃避、自责、抗拒的心态会带来更多的压力，使人更为焦虑，越克制拖延，内心就越想拖延；压力如果超过了个人的承受能力，还可能出现心理问题。

知道自己的人生定位很重要

对这样的人来说，想要改变拖延症最紧要的就是明确人生方向，找准自己的人生定位。有了奋斗的目标，人才会不自觉地想要奋斗，才会跟软瘾说"再见"。

人的一生会遇到许许多多意想不到的事情，它们可能一次又一次将你从既定的轨道上推出去，推向另一个未知的世界。很多人都会说："我这一生跌宕起伏，我无法掌控自己的人生。"实际上，人生之路并非全无章法，人生就是由一连串的偶然和一些必然的因素连缀而成的。有明确目标的人，不管遭遇什么样的事情，不管这个过程有多曲折，最终他都会走向自己既定的大方向。但是，很多人都是浑浑噩噩地活着，任由命运的摆布。

也许一开始他们会朝梦想的方向努力，但是在后来的生命旅程中，或许遭遇挫折，或许发现了看似更好的机会，他们就会放弃原来的目标，只是在茶余饭后想起来，空洞地叹息一声。这样的人没有明确的规划，没有步骤，所以也没存严格的时间限定,所以更容易沉迷于一件事情中。

对那些有明确目标、真正对人生有合理规划的人,他们会严格地按照自己的规划进行,不管遭遇什么困难,都不会退缩。对要完成的事情,他们从来不会被不相干的事情左右,因为他们清楚这会给自己带来灾难性的后果。历史人物李斯的经历或许就能给我们一些启发。

李斯是中国历史上赫赫有名的人物,他帮助秦始皇嬴政统一天下,实现了自己的人生抱负,成为秦朝的承相,名扬后世。可是我们回过头来看,李斯这人并没有多么高的起点,他出身平民,没有名门背景做支撑,完全是靠自己一步步攀上了成功的巅峰。

李斯从一介草民到功传万代的大政治家,他的人生规划获得了极大的成功,也给我们做出了表率。如果想要成功,就要杜绝软瘾,就应该像李斯这样,明确方向,坚定不移地为这个目标奋斗。人的一生不过短短数十年,是要庸庸碌碌混吃等死,还是发愤图强闯出一片属于自己的天地,全在于你如何规划,而不是整天和软瘾症纠缠不清。

"软瘾"这种病,到底是怎样缠身的? PART 3

5. 谁的人生不犹豫

对于大多数软瘾症患者来说,面临选择是一件极其痛苦的事情,他们往往拿不定主意,无法明确作决定,所以他们往往宁愿坐视不理,沉迷于自己的世界,用做其他事情来代替。其实,大多数软瘾症患者也都患有选择障碍症,这两者交织在一起,让他们在软瘾症的泥潭里陷得更深。所谓选择障碍,就是在面临选择的时候无法拿定主意,即便是选择了最优化的方法或者路线到达了终点,他们仍然会质疑自己的选择,会怀疑如果当初作了其他选择,结果可能更好。当然,这没有任何益处,除了导致时间上的浪费外,也会给自己带来精神上的焦灼。

许多软瘾症患者在面临选择的时候往往会本能地选择逃避,尽力通过沉迷于自己的世界,拖延作出决断的时间。他们害怕自己作出抉择，如果是自己作出抉择，不论什么情况，他们都不会觉得特别满意。所以，他们会选择等到最后，只剩下一个选择了，那是他们必须接受的。这种结果会让他们多少安心点儿。又或者，他们拖到能有另一个人出现，帮他们作决定，不管这个人是上司、同事、家人、朋友或者陌生人。如果事情的结局非常令人满意，他们会心安理得地接受。如果事情的发展不那么尽如人意，他们便会将责任一股脑推到决定人身上。他们会认为，如果当初是他们自己作了决定，现在结果肯定会很好，而不是这样一团糟。

人生就是一种选择

实际上，人生就是一种选择，造成选择失败的结局，情况是多种多样的，其中可能会有决定错误的原因，也可能是因为软瘾症患者自己在行动过程中的过度沉迷导致了失败局面。但是，他们为这样的失败结果找到了"替罪羊"，转嫁了责任，所以他们又开始沉迷于新一轮的软瘾中，而不是想着下一次做得更好或者是想办法来补救。

李想不知道自己什么时候患上了软瘾症，一开始他并没有意识到这个问题有多么严重。他头脑聪明，成绩不错，一直是老师喜爱的好学生，高中毕业后他进了一所名牌大学。大学四年，他都过得很惬意。考试前冲击复习，上了考场照样能考出不错的成绩。临近毕业，当同学们在人头攒动的招聘会上心急如焚的时候，他还优哉游哉地沉迷在宿舍里打游戏、看电影、逛论坛。他并不发愁工作的事情，因为他已经被保送了本校的研究生，这对他来说是一个不用作决定的选择。

研究生的时间比较自由，李想通常都是凌晨睡觉，下午起床。每天下午三四点的时候从床上爬起来，洗漱完毕到食堂吃完晚饭，这才算拉开了一天的序幕。

李想进了实验室，习惯性地打开聊天工具，看看留言，跟朋友聊几句，然后再打开一个新闻网页，看看今天有什么突发事件。等到他想起导师交代的项目时，他有些不高兴，眉头皱了一下，调出相关资料，越看越觉得烦闷。打开 Word 文档，写了个开头，就觉得实在无法进行下去了，没有实验，自然也就没有实验数据了。因为他本来对这个项目就存有质疑，也懒得去做实验了。郁闷了一会儿，他进了论坛，在上面发了一通牢骚，引来一堆相似的抱怨。大家聊啊聊，说到了国内的教育制度，又说到在国外导师都不指定方向，都是自己选择感兴趣的课题来做。李想心生向往，想起自己硕士毕业后面临就业的压力，觉得还是出国比较好，可以做一些自己想做的课题。

Soft Addiction 小心！软瘾

这已经是三年前的事情了。我所知道的是，李想最终侥幸地硕士毕业，去了国外读博。后来我又同他交流过几次，他告诉我，国外的导师的确不会给学生硬性规定明确的课题。我以为他这下会觉得如鱼得水，做得很开心了，但他说他犹豫了很久，实在不知道该选择什么方向，所以他的课题一拖再拖，至今毫无进展。

其实李想就是个典型的例子，软瘾症患者大多不愿意自己作出决定，并为此承担相应的后果，他们更倾向于将责任都推到别人身上。对于那些本该早日完成的事情，他们一拖再拖，总是会有许多突发事件来打断他们的既定计划，几乎没有一次是能够在他们心理预期阶段之中完成的。

但是，与其花这么多时间和精力在作决定上面，不如选一条路，静下心来，踏踏实实地做下去。即便方向不对，也能及时纠正。一味拖下去，于事无补。对于那些迟早要作的决定来说，早做总比晚做好。以下是两个人面对同一件事的不同选择，自然也导致了不同的结果。

这些年来，买房成为国人的头等大事。"房子"是朋友聚会时永恒的话题。我有两个朋友，就围绕房子作出了截然不同的选择。朋友甲高学历、高收入，早早攒下了一笔可观的积蓄，从2004年就嚷嚷着说要在北京买房。不过他对房子的要求很多，地段、户型自然是不必说了，还有一长串其他的要求。他想到市中心的繁华地段买房，但是又考虑到这些地方太吵，新落成的房屋可供选择的太少，没有开阔的空间等不利因素。之后，他又到其他地段看房子，可是总不尽如人意。或者房子格局很好，采光足够，但是地段不够繁华，生活不够便利。折腾了好几年，看了无数次房子，还没拿定主意，可是房价却嗖嗖地上去了。以前他的积蓄够全款买一套房的，现在只能付首付了。他又觉得现在买房不值，况且也没找到合心意的房子。于是，至今他仍租房住，将收入的一部分拿来交房租。

另一个朋友乙，收入尚可，平时花费不多，并且做事很果决。从他决定买房到办完相关手续，不过花了一个月的时间。他现在已经在市区拥有了一套小户型的房子，一个人住得很惬意，而且每月的月供还不及房租高。

这两个例子摆在眼前，是及早决定还是犹豫不决，相信大家自有明断。犹豫不决并不能给我们带来多大好处，一味拖下去更是不行。哪怕我们作出了错误的抉择，也比呆立在原地要好。但是知道错了，就要从错误中汲取教训，等下一次机会来临时，我们才能更好地把握。若一味地犹豫甚至干脆不作选择，逃避现实，用沉迷于其他事来麻痹自己，患上软瘾，当下次机会来到眼前时，也许还未等我们看清，它就已经飞走了。

6. 缺乏控制感后，安全感归零

每个人都是赤裸裸着来到这个世界的，没有知识，没有思想。我们的思维观念和体系都是在后天的环境中逐步成长并建立起来的。所以，一开始我与你、你与他之间并无分别，为什么后来会出现这么大的差异呢？你为什么会将这个世界看成一个战场？你为什么会把别人都看成是具有潜在控制欲的对手？你为什么会时常感到没有安全感呢？

科学调查表明，很多过分关注被控制的软瘾症患者都是在一个不鼓励和提倡主动掌握生活的环境中成长起来的。这些孩子自小就被严加管教，他们对自我的愿望或要求都被遏制，个人习惯也被过多干预，他们很难有自我的私密空间，他们不停地遭受批评，他们承受了太多限制，以至于自发性与创造性都

被扼杀了……这一切经历都阻碍了他们通向自由与个性独立的道路。

家庭对个人控制感和安全感的影响

从最普通的家庭话题说起。有关父母与孩子的关系话题是一个永恒的命题，到底该如何对待孩子，是将他们当成平等、独立的个体来对待，还是把他们当成自己的宠物，抑或是把他们看成自己生命的延续，帮助自己完成未尽的心愿？有些家长坚信"棍棒底下出孝子"，所以他们采用暴力的方式来管教、约束自己的孩子；有些家长则认为孩子应该享有绝对的自由与独立，所以对其放任自流、不闻不问。这些都不是正确的做法。对家长来说，一头是孩子的自立倾向，另一头是对孩子的殷切期许，这两头的砝码应该等量，秤杆才能平衡。

有些父母的控制欲过强，这严重扼杀了孩子的独立人格。被过分管束的孩子，他们的独立人格往往被讥讽和打压，而不是被鼓励与支持。这样的情形一直反复发生，这样的反复给一个人的**心理**带来了极大的影响。如果一个孩子没有自信，无法掌控自己，那么，他势必不会成为一个心智健全的人。在这种环境下，他们会觉得独立是一件错误的事情。所以他会认为，如果他试图获取个体独立性，那么他周围的人都会来约束他、指责他，而不是鼓励他的这种行为。这样的孩子试图找到一种方式来平衡自我与外界，那就是利用拖延作为自己的安全罩，将自己罩在里面。

再说段朋友的故事。

莫娜一直对自己的姐姐詹妮又爱又怕，想要摆脱她的控制。詹妮非常强势，家里大小事务都是她说了算，连爸妈也不容置喙。的确，詹妮早早出去在外打拼，现在已经做到公司副总的职位了，在公司里她是标准的女强人，在家也是同样的形象。爸妈对詹妮半是心疼半是愧疚，所以不管詹妮说什么，只要不太出格，他们都会照做。可是，莫娜常因为各种小事跟詹妮闹意见。当然，绝对不敢明目张胆地闹，她还没那个胆子，她只是消极抵抗、非暴力不合作。不管詹妮命令她干什么，她都会下意识地抗拒和拖延，虽然每次到最后还是按照詹妮的要求做了，可是总因为磨磨蹭蹭被她骂了个狗血淋头。

莫娜高考考砸了，进了一所较差的学校，学校距离詹妮的工作地点十万八千里。莫娜在羞愧的同时又有一丝窃喜，离得这么远，詹妮无法再全方位地掌控自己的生活了。大学四年，莫娜觉得自己终于能够重新呼吸了。莫娜觉得自己再怎么努力也达不到詹妮的高度，她那么优秀，自己什么都不会，所以她也不认真学习，混一天算一天。莫娜很少去上课，每次都是考前"临时抱佛脚"，保证自己不挂科就行。否则，回家还不被詹妮给打死。

每次看到詹妮拿着成绩单一脸愤怒的样子，莫娜心里非常害怕，但同时又有一些得意，她心说："哼，就是不让你高兴，怎么样？我终于能左右你的情绪了吧。"一想到这里，莫娜内心的控制感和快感就大增。所以不管詹妮怎样苦口婆心地劝导或痛斥，莫娜总是下意识地不想做功课，到考前才复习，考试成绩自然也就不理想了。

大学毕业后，莫娜被詹妮带到她工作的城市，莫娜很快就有了第一份工作，这自然是詹妮介绍的。莫娜的第一份工作是做行政，她觉得这跟她的专业相去甚远，她本来学的是传媒，梦想进入杂志社的。但是她也清楚，有詹妮在，自己的那些想法都会被无情地扼杀。可是，莫娜工作的时候觉得无比难受，她觉得自己的缺点被放大了几百倍，她完全不知道该如何应对现有的情况。公司里有员工培训课程，鼓励大家自愿参加，莫娜也没参加，她觉得这不是她想要的生活。可是，她也不敢再向詹妮表露，上次她流露出不想做这份工作的意思，立刻就被詹妮臭骂了一通。

莫娜的这份工作试用期是 3 个月，第二个月月底就要提交转正申请书，交由领导审核。虽然莫娜觉得自己做得不够好，可是领导依旧对她很有耐心，手把手地教导她。莫娜觉得领导人很好，同事们对她很不错，她在这里还是挺开心的。在第二个月月中的时候，领导就告诉莫娜要准备转正申请书了，莫娜听见了，也答应了。但是她迟迟拖着没有做，她觉得自己很忙，她觉得自己即便提交申请了也不一定通过……最后，莫娜意识到，她不想做詹妮介绍的这份工作，不想按照詹妮给她设定的人生目标来生活。可是，这些是绝对不能让詹妮知道的，詹妮每次训斥她的时候就说："你怎么就不动脑子呢？你这么幸运，我可没这么好命有人帮我筹划。我是自己走过弯路，所以要盯着你，不让你跌进大坑里。你怎么就不明白呢？"莫娜听得耳朵都起茧子了，心里颇不以为然，我们俩的情况完全不一样，凭什么要把你的意志强加到我头上啊，可是她什么都不敢说。

截止日期到了，莫娜还是拖着没有提交转正申请表。领导过来巡视了好几次，见莫娜没有主动谈起这个话题，长叹一口气走了。

好多年后，莫娜重新审视自己走过的道路，不得不承认，当初詹妮说的都是对的，但是当时她并没有意识到，或者说即便认识到了，也会下意识地抵制她的安排。她现在才知道，詹妮并不是真的想控制她的生活，詹妮只是希望她朝着正确的方向前行，不要走弯路。莫娜觉得自己当年的做法实在太幼稚了，急着想摆脱詹妮的控制，却是以牺牲自己的前途为代价。

软瘾症患者的心理舒适区

很多软瘾症患者最初都是为了摆脱被控制的感觉，例如，初中生逃课去网吧，一来能摆脱父母在家的管制，二来能从中获得快感，这是他们内心的自我保护，所以，对于这类人群来说，软瘾能增加快感与安全感。

事实证明，这不过是将自己拖上了失败者的道路，离成功越来越远。想要克服这一点，必须时刻警醒，一旦你意识到自己又开始产生这种思维时，你就应该问自己："我这样做究竟是针对什么？"理智地审视自己，找出正确的答案。

对于某些人来说，软瘾不仅能帮助他们逃离失败的厄运，也能帮助他们避免陷入各种各样的人事纷争，他们在拖延的温床上逃避残酷的现实。很多人对于人际交往非常恐惧，他们借软瘾来拖延时间，从而调节与他人的交际关系，这多少能让他们感到一点儿安全和舒适。一旦他们离开这个**心理舒适区**，就会不知所措，他们千方百计地要回到这个区域，找回安全感，于是，软瘾变成了维护他们心态平衡的一种有效手段。

PART4 每个人心里都有一寸心魔

——征服软瘾症需从战胜心魔开始

在心理学中有一个有趣的比喻,每个人的心里都住着一个天使和一个魔鬼,当魔鬼占据上风时,人的意志力就会变得差一些,遇到困难时自然选择回避。软瘾亦如此,明知做某事只会带来短暂的快感,对长期发展并无好处,但还是无法自我控制,长久沉迷于某种惯性行为无法自拔。说到底,想要彻底治愈软瘾症要从驱除心魔开始。

1. 开启自我反省模式

英国作家塞缪尔·约翰逊曾说过:"我们一直推迟我们知道终究无法逃避的事情,这是一种愚蠢的行为,是人类共有的弱点,每个人的心灵中或多或少都盘踞着这样的恶魔。"沉迷于自己的世界,对正经事一拖再拖的恶习导致用于完成任务的时间所剩无几,而最后期限却悄然逼近,于是软瘾症患者安慰自己:"在重压下我会表现得更为出色。"其实这是自欺欺人。或许,我们的确该开启自我反省模式了。

最后时限已然临近,之前一直无所事事,沉溺于网络、电话、微博……无奈,软瘾症患者开始改头换面,脱胎换骨,面对棘手的任务,只能绷紧弦,夺时间,抗高压,忍折磨,起抱怨,生遗憾,百般煎熬,终于赶出了预定的任务。试问,赶出来的任务质量会有保证吗？回答必然是否定的。事实是不仅工作缺乏质量和水准，而且还会带来焦虑和内疚，使软瘾症患者内心饱受折磨。

有位名人曾经说过，短时间内完成的作品再完美，也只能奢求它不失水准，绝对出不了最优秀的作品。试问任务完成后我们是该庆幸，还是该反省呢？

无疑，我们应该反省！

因为重压容易使人疲倦，抱怨容易使人气短，遗憾容易使人神乱，这些带来的不良情绪，会大大损害我们的身心健康。因此，只有彻底杜绝这种恶习，我们最终才能把软瘾永远枪毙。

诗凝是公司的一位新职员，刚毕业没多长时间，在一家贸易公司做文案方面的工作。她是中文系的高材生，文笔很好，领导交给她一篇文稿，让她放下手中的其他工作，先写文稿，下班之前完成任务。

她大致看了一下文稿，觉得自己2个小时就可以写完，于是就先上网和朋友聊天去了，聊完天之后，她看看时间，发现还有4个小时，于是她想：不如先休息一会儿。休息时，又看见QQ上有好友在向她打招呼，于是又习惯性地和朋友在网上聊起天来。

在剩下2个多小时的时候，她意犹未尽地停止了聊天，她想应该是写文稿的时候了。可是，这时她才发现还需要在网上找些资料，等她找完资料，发现时间已经过去了快1个小时了，只余下1个多小时了。

这时她有点儿着急了，怕到时间完不成任务，于是紧张起来，不敢再浪费一点儿时间。

在快要下班的时候，终于把文稿写完了，她长吁了一口气，既有点儿庆幸又有点儿后怕。她把自己写的文稿又重新看了一遍，觉得有些不太满意的地方，想修改一下，可时间已经不允许了，因为领导已经进门了。

把文稿交给领导的时候，她看见领导扫了几眼文稿的内容，皱了皱眉头，有些气恼地离开了办公室。

她心中咯噔了一下，心想：领导一定对她写的文稿不满意。她忐忑不安地等待着领导的批评。她心中非常后悔，如果自己能节省半个小时聊天的时间，就能把文稿完成得很漂亮。

这种结果不是别人强加的，而是由于自己的消极懈怠造成的。寄希望于明天，追逐"等待"两字，似乎一切困难在"等待"面前都已经停止，不用再加努力。

克服软瘾的关键是内在意志

眼前的任务堆积成山，一一摊开的论文、未还的图书、等

Soft Addiction 小心！软瘾

待重装系统的机器、未完成的学习任务……该做的工作近乎空白，颓废的心灵却依旧："不急，时间有的是，今天没状态，明天多做点不就行了吗？车到山前必有路，船到桥头自然直。"真佩服这种"心胸宽大"的人，都火烧眉毛了，还在迷茫中享受安逸。

产生这种思想的人心理因素有很多，例如：

* 对重复、琐碎工作的厌倦；

* 压力过大，逃避压力、工作；

* 害怕失败，内心充满焦虑；

* 对未知事物的恐惧；

* 过于乐观，认为自己能及时完成任务。

象牙塔时代，写过无数学习计划，但都是空中楼阁、纸上谈兵。每当假期来临，总能制订出详尽周密的学习计划，可到了假期，软瘾恶魔时时来敲门，心想："反正假期就是用来放松的，不如再多玩几天！"

今天拖到明天，明天拖到后天，天黑了又白了，最后却出乎意料地发现，明天就要开学啦，那还学什么啊，不如收拾收拾东西，明天返校得了，可怜的书本就这么被遗弃了整整一个假期。

呜呼，原来一个个假期规划都是这样泡汤的啊！考上大学的时候，定下的目标很高，大一打牢基础知识，大二找份兼职，大三准备考研，大四找份好工作。立下目标无数，却时常动力奇缺，大部分时间用于网上浏览网页、聊天、发帖子、看电影、打游戏……却很吝惜拿出一丁点儿的时间看看专业书或者读读论文文献，甚至只有当考试悄然逼近时，才会无奈地开始着手学习任务。最终，虽然考试不一定会挂科，但却离自己的目标和计划越来越远。

总之，就是不能完全地上进，又不愿彻底地堕落，这就是软瘾症患者的**真实写照**。

不合理不周全的时间规划也是导致患上软瘾的重要因素。倘若你是位"日理万机"的职场人，大事儿好几桩，琐事儿一箩筐，为了能够在工作上取得佳绩，必须具备超强的规划能力。

"偷得浮生半日闲"的心态也能催生软瘾。这种心态会让人浮想联翩，使人产生时间还有很多的想法，或是感觉自己做这样的工作简直就是手到擒来，或是把工作抛在脑后，或是自己告诉自己好好考虑一下，却把思维停留在思考前的状态，脑子里想着别的事情，耽误了时间。

要想战胜软瘾，就必须学会自我反省，摒弃恶习。"有空再谈"已经成为了人们在这股横扫全球的高效率风潮中的口

Soft Addiction 小心！软瘾

头禅。

记住，克服软瘾的关键是**内在意志**，用内在意志去激发自己完成一件事情，不管事情是大还是小。千万不要因为某些工作或压力而气馁，更不能因为手头的工作重复无趣而逃避！

2. 成为扭曲内心需求的杀手

人是社会性的动物,拥有正常的社交生活、满足内心需求是大多数人的渴望,他们期望拥有亲密关系,喜欢有人陪伴,喜欢有人支持和鼓励。与他人联结在一起让他们感到安全,内心获得满足。如果将他们抛弃在一座孤零零的荒岛上,就像鲁滨逊那样(当然,幸运的鲁滨逊后来遇到了一个土著仆人),他们肯定会觉得痛不欲生,这都是人的本能。我们能做的就是别让心里的魔鬼成为剥夺内心需求的杀手。

有科学研究表明,软瘾症患者最明显的特征就是自我约束力太差,一切过度沉迷的软瘾活动都是为了满足内心的需求(往往是一时的心理需求)。而与其关系最密切的三大特征就是:

- **意图与行为相悖**

虽然软瘾症患者能为自己规划得很好，想要跟别人一样努力工作或者比别人更努力地工作，但是他无法据此采取行动。

软瘾症患者总是无法承担自己的责任。计划是作出来了，但是迟迟不能开始，或者开始了却又无法坚持下去。

- **自我约束力太差**

软瘾症患者的自我约束力太差，在实际行动中无法进行自我控制。

说到底，软瘾症患者就是缺乏自我约束力。他们只专注于**眼前的享受，满足一时需求**，将长期收益抛到脑后，这使得他们无法进行自我约束。一旦遇到困难或者诱惑，他们很快就抛弃了原有的方向。

研究表明，一项任务本身的回报性越高，越容易见成效，当人们在执行这项任务的时候能够获得更多的欢愉和满足，那么他们就越容易将这件事进行下去。从这个方面来说，动机对软瘾起着至关重要的作用。你只有怀有极强的动机才能去做一些你不是真正感兴趣的事，不然，你很容易为自己找各种各样的借口。

同时，个人控制自身行为的能力极其有限。如果有些事情需要我们投入极大的心力去控制，那么我们的自我控制能力将会很快消耗在这件事上。当我们再去进行下一件事时，我们的自我控制能力便会下降。所以，我们在进行完一项重要事务后需要稍微休息一下，让自己放松，调节自我的控制能力。

有些人常常觉得没有人陪伴，缺乏安全感，这让他们内心感到不安，他们终日生活在惶恐与不安中。这样的心态其实是人对亲密关系的渴望，他们缺乏自我完整感，所以，只有当他们与对方融为一体时，他们才会放下心来，觉得心满意足。如果一个人认为自己的能力无法做成一件事，那么他就会在独立进行的某件事情上患上软瘾，这是一种心理需求在行动上的映射。

- **希望得到帮助**

当一个难得的机会摆在面前时，有的人会毫不犹豫地跳过去把它抓住，也有人犹犹豫豫，不敢伸出手臂。软瘾症患者就属于后一种，他们常常无法明确自己的内心需求，对自己的想法不够确信，他们缺乏独立自主的意识，所以总是拖拖拉拉，永远不敢踏出第一步。他们希望能够得到他人的帮助，给他们指引方向，这样他们才能迟疑着迈出行动的第一步。

举个简单的例子，潘辰是一个乖孩子，从小在家人的呵护下长大，任何事都有人事先替她考虑好，做好准备，她只需要接着做就行了。潘辰就这样乖乖地一路进入大学，踏踏实实地完成每一门功课。她没有进入任何社团，也很少在外游玩，每到周末就乖乖地回家。

大学毕业的时候，本来潘辰打算留校任教的，学校那边已经给了她口头承诺，但是最后突然出现变故，教育局从其他学校调了几名骨干教师来充实队伍，本来落到潘辰头上的名额就这样没了。这就意味着潘辰不得不出去找工作，这让潘辰非常害怕，她对未来一无所知。

潘辰投的职位大多数都是学校教师，也随便投了几家大公司的企划文案之类的职位。这几家公司都是规模很大的上市公司，对应聘人员的要求很高，潘辰觉得自己肯定不够格，但是因为带出来的简历太多，所以也就一家投了一份。没想到，几天以后，其中的一家知名公司打电话过来约潘辰去面试。面试顺利通过了，这家公司给出了邀请函。

潘辰有些心动，这家公司在业内可是鼎鼎大名的，进去能学到不少东西，如果进去了自己的人生就完全是另一个样子了。潘辰蠢蠢欲动，但是有些害怕，她本来打算做老师，安安稳稳地过下去的。她不知道该怎么办，于是征求家人的意见。可是这一次家人没有给她明确的意见，他们希望她自己认真考虑。

潘辰一下慌了神，长这么大还从来没有自己拿过主意，何况还是这么大的事情。她犹豫不决，迟迟不敢作决断，就这样一直拖啊拖,拖到那家公司约定的上班时间过了还没作出决定。

还有一种人,不愿意抛头露面,不愿意承担责任。他们希望能够有一个领导者来带领他们,这会让他们感到安全和踏实。如果命运将他们推到了"一把手"的位置上,他们通常也会畏畏缩缩地拒绝,或身在其位,不谋其职,依旧有患上软瘾的危险。因为他们担心那样就失去了原有的安全感和舒适感。于是下意识地忽视手头的工作,沉迷于各种不相干的事物中,希望能借此来维持现状。

3. 痛苦只在"今晚"

张爱玲曾说:"生命就是一袭华美的袍,上面爬满了虱子。"宋代诗人方岳曾说:"不如意事常八九,可与语人无二三。"不论我们多么努力,总会有些不如意的事情发生。你可能为这件事付出了自己的心血,你坚信事情一定会朝这个方向发展,结果却让你无法预料,让你觉得难堪、无法接受。生活中的很多事情都让你无法理解和承受。你恨不得找个没人的地方痛哭一场,或者到深山老林隐居起来,谁也不见。这就是生活,生活永远不会比你想象的更好,也不会比你想象的更坏。但是,痛苦只发生在"今晚",明天的太阳又是新的。

《新概念》课本中提到这样一个小故事,有一个人每周都去钓鱼,他运气极差,其他人钓鱼总会有收获,最差的也能从河里钓到一只烂靴子，而他钓了这么多年，什么都没钓到过。不管旁人如何取笑他，他依然坚持去钓鱼。最后他告诉大家，他其实不是要钓到大鱼，他只不过很享受这种无人打搅的悠闲时光。

我们应该知道，生活不仅有艳阳天，还有暴风雨。只要你有信心，只要你努力，你终究会迈向幸福生活的康庄大道。不管在你身上发生了什么，你都应该试着去接受。让所有的痛苦与绝望都停留在今晚，明天又是新的一天，温暖的阳光依然照耀在你身上。

当你做完了自己该做的事，当你觉得头脑混沌，无法再做任何事的时候，你可以坐下来，放松，再放松，将脑中乱七八糟的事情都搁到一边，手头的活儿过一会儿再考虑。先换换脑筋，不要感觉自己必须做些什么。你可以什么都不做，就静静地坐在那里，听任思维信马由缰。这其实是让大脑休息的一种方式。或者你拿一本书，在午后阳光的照耀下随便翻翻。不论怎样，尽量让自己感到舒适，只要在一定的时间限制内完成就行，不要让自己有负罪感，适当的放松比一直紧绷着神经要好得多。

"知足常乐"就不会被无谓的事牵绊

懂得知足，懂得惜福，我们的人生才会更美好。人类的劣根性之一就是贪得无厌,即便我们知道自己已经得到了足够多的东西,也无法满足。我们总是在过度追求,这让我们狂妄自大、毫无节制,让我们贪得无厌,也使我们在追求的过程中精疲力竭,与周围人的关系岌岌可危。

你应该知道自己的临界点,你已经休息够了,已经发了太多的牢骚,讲了太多的废话,你赚够了钱,你已经喝够了,你已经吃够了,你已经跟别人竞争够了,你已经还清了债务,你已经得到了足够的赞誉……任何事情都是过犹不及。你得到的已经够多了,认清这些,你内心的不满足感便会消失。

对物质的追求永远是没有止境的。你今天想要一条 Hermes(爱马仕)的丝巾,明天想要一个 LV(路易·威登)的包包……这样的追求既无意义又无必要,如果你这样追求,你势必会迷失自我。

抛弃一切执念

除了这些有形的杂物外,你试着回想关于自身有什么需要被扔掉的东西。过期的恋情、不切实际的幻想、对他人的怨恨、莫名的愤慨、冲动的言行……放下这些过时的想法,怨恨社会的不公、嫉妒他人的成功不会给你带来什么实际并有效的帮助。

我一直拖着不想干活儿，拖着不去洗碗，拖着不去收拾屋子。我本来饥肠辘辘，可是我坐在电脑前打游戏，几个小时不想动弹。我饿得发慌，头也涨得发昏，因为没上厕所，我觉得我的膀胱已经胀得满满的了。

我一连几个小时坐在书桌前，电脑也不敢开，怕自己分心。手边是几本参考书，中间摆着一沓稿纸，一片空白，还未写上一个字。我为自己感到羞愧，我不敢出去吃饭，随便在屋里找了点儿面包和牛奶充饥。可是时间已经过去了一个上午，我还是没有任何进展。当室友们郊游回来时，我再也忍不住了，冲着兴高采烈的他们发了一通火，但是这对我的课题没有任何帮助。

以上都是软瘾症患者无法有效工作的例证。他们既无法有效工作，也无法有效娱乐。因为他们哪怕是在放松娱乐的时候，也非常清楚自己是在借以逃避应该做的工作。即便是他们没有娱乐，把自己牢牢地禁锢在书桌前，可是仍然没有成效。不管怎样，他们都没法真正开心。

与其这样，还不如放下执念，开开心心地放松一下。这样，你疲劳的神经起码能够稍微缓和一下，也许这样做就能激发你的灵感呢。人不是机器，需要张弛有度，一味绷着神经很容易让人因无法承受而崩溃。适当的放松与休息是每个人都必须做的，哪怕他觉得自己是多么堕落，多么的罪大恶极。

如果你不让自己放松，那么你就会发现自己无精打采，没有活力与冲劲。更有可能的是，哪怕是你不主动放松，你也会发现自己正通过拖延的方式来偷得休闲的时光。这是一种极其可怕、可悲的恶性循环。

朋友讲过这样一个哲理小故事：老和尚带着小和尚出外游历，途中经过一条河。一个女子想要过河，但是畏惧河深水急，踌躇不决。老和尚见状，主动背着这个女子趟过了河，然后神态自若地放下该女子，与小和尚继续前行了。一路上，小和尚都在嘀咕："师父怎么回事？他为什么会背一女子过河？男女授受不亲啊。"到最后，小和尚终于忍不住了，问道："师父，您为什么背女子过河？您这是犯了色戒啊。"老和尚叹息一声，说道："我早就放下了，你为什么还放不下？"

记住，很多事情，过去了就已经成定局了，不论过去是潦倒还是辉煌，过分执着都不是什么好事。人不可能同时踏进两条河流，这些过去的情绪很可能就是造成你患上软瘾的原因之一。你应该勇敢地跟过去说"再见"，这样才能积极主动地开始新生活。

4. 压力是上帝的礼物

人一进入社会,上帝便赠予人类两份礼物:一份是生活,一份是压力。

现代社会发展日新月异,稍不留神就会被时代远远地抛在后面,因此我们不得不一路小跑,尽量让自己不掉队。从小学时,我们就开始了激烈的竞争。跟同学比学业、比记忆、比体能,文化成绩、钢琴演奏、五项全能……我们一路苦拼过来,披荆斩棘地进入了大学,以为从此可以高枕无忧了。但是,毕业后不包分配,找不到工作的毕业生比比皆是。即便是进入了职场,我们也得一路拼搏,个人工作能力、职场潜规则、职场生存守则一样都不能马虎对待。不论做什么,都不能掉以轻心。

这样看来,活着真不容易。想想,还是不用努力好了,反正结果没什么两样,到最后都是要死的。《射雕英雄传》里的郭靖劝铁木真不要进攻宋朝的时候说:"大汗,你现在这么拼命有什么用呢?等到最后死了,你还是只能占一口棺材,你能占多大地方呢?"既然都是要死的,何必努力呢?还不如混一天算一天好了。所以该做的事情一拖再拖,拖到不能再拖的时候索性放弃,有努力的时间宁可闲着窝在沙发里无休止地看电视。既然大富翁跟乞丐都能坐在沙滩上晒太阳,何必努力呢?但是正常人又有谁愿意去做晒太阳的乞丐,大家都想努力成为富翁,舒舒坦坦地晒太阳。可是,他们的现状距离那样的成功又太遥远,所以他们始终处于矛盾状态中。

软瘾症患者的心理矛盾

很多软瘾症患者往往处于这样复杂的状态中,一方面,他们觉得自己应该努力拼搏、出人头地;另一方面,因为长期努力得不到回报,于是自暴自弃、自轻自贱。他们内心的压力远比其他人大得多,他们时刻经受折磨,却不愿意沉下心来处理掉手头延误的事情。减轻压力,起码让软瘾症患者甩掉了一个大包袱,下面让我们试着尝试几种常见的减压方法。

- **一次只做一件事**

一次专注于一件事,不管做什么事情,都将它做好,然后再开始下一步。将事情做好会带来一种满足感，振奋我们的精神，帮助我们接下来做得更好，这样是一种良性循环。很多人都认为自己比别人聪明，可以同时操作好几件事，但实际上，最后的结果可能不尽如人意。1+1的结果可能是0，因为最后哪一样都没做好。计算机能够同时处理多项任务，但是人不能，人做一件事的时候必须全神贯注，一项一项地来，这样才能取得最大的收效。给自己足够的时间，便于很好地完成，同时享受这个过程。千万不要手中做一样，眼中看一样，心中再想一样。

- 循序渐进

实际上，我们的今天和昨天并没有太大的不同。生活中的事情都不会那么突然、激烈。我们想要从今天起做个全新的、与以往大相径庭的自己，这实际上是不可能的，过去的生活方式会潜移默化地影响我们。我们想要作出改变总是需要很长时间，从量变到质变，中间会有一个长期的过程。我们积累得越多，最后改变的结果意义才更重大。记住，一定要保持耐心。如果我们真的想要改变，就要培养自己持久的耐力，千万不要急功近利、急于求成。

- 撤销无意义的期限

我们的生活被各种各样的限制包围，除了这些事情，我们还会强加给自己一些限制。譬如，5年内在市中心买一栋房子。这个目标非常明确，但是考虑到你现有的收入水平，恐怕难以负担，即便是买房了，沉重的房贷也会将你压得喘不过气来。对你来说，7年后可能是一个更合适的期限。再比如，你打算在3年内找一个老婆，组建一个家庭。这是个难以限期的目标，结婚这种事情不是单方面努力就能实现的，所以不应该这样强迫自己。你应该节省一点儿能量，将更多的精力投入到应该努力的地方。

- **别把整个地球扛在肩上**

地球缺了谁都照样转动，没有谁是全知全能、无可取代的。每个人都有自己合适的位置，大家各司其职，你不应该越俎代庖，将别人的责任都转嫁到自己头上。这对你来说是一种愚不可及的做法，你不可能同时兼顾好几件事情，并将每一件事情都做到更好。事实上，最可能的结果就是，你精疲力竭却无法把事情做好，到最后剩下一个烂摊子。而那些被你代劳的人，他们很可能并不感激你。相反，他们觉得你剥夺了他们的责任和表现能力。

做好自己的事情就足够了。他人的事情可以关心，但是千万不要越界，留着他们自己处理会更好。

也许你有一颗博爱的心，你希望像甘地那样，为全人类而战斗，那你就朝这方面努力吧，但是千万不要给自己过重的压力。要知道，这世间几百年来就出了一个甘地。每一天，这个世界都有罪恶、不幸、不公、堕落在发生。很多事情你即便再关注，也无法改变任何事情。比如：伊拉克常年征战不断、民不聊生，你觉得痛心不已；科学家们又发现南极越来越暖，大量冰山消融，很多动物濒临灭绝……这样的事情你知道，但是无法改变，奥巴马都管不了，你跟着操哪门子心？

你如果过度关注，它们只会将你拽入更彻底的绝望中。

对你来说，爱惜自己才是最重要的。不论你将来想做什么，是想做环保者还是想成为甘地那样的人，你现在都得好好活着，好好爱自己。对于大多数人来说，个人的能力非常有限，无法让世界为之天翻地覆。但是，我们可以在自己的生活圈子中尽量影响他人。我们努力做到更好，让周围人感受到我的善良和爱意，让他们变得更善良、慷慨，更有同情心。从现在开始，试着这样做。你一个人可以感染两个人，这两个人又分别能感染两个人，这样成倍增长，你会发现除了自己的小世界，这个世界更加美好。

5. 诱惑面前锁住芭比的心

对于生活中林林总总的事情，你应该有一个全盘的评价，什么是你应该减少甚至消除的事情，什么是你需要加强或者应该做到的事情，这些不是小问题，你应该好好思考，将你生活中所有的事情都列出来，然后按照必要性、紧急性标准分类。当然，对于那些不必要也不紧急的事情，哪怕是你再怎样沉溺于其中，也最好将其放弃。

有人说，每个人（尤其是女生）都有一颗芭比的心，心灵越简单，就越容易被种种诱惑迷住。可能你沉迷于网络游戏，你酷爱逛街，你喜好名牌衣物，你最爱在网上闲逛……将每天做各种事情所花的时间都标注出来，这样持续一周，然后你再做一个时间占用表，你会发现，生活中 80% 以上的时间和精力都被这些既不紧急又不必要的事情给占据了。

这些事情对你来说不仅是无关紧要的，甚至很可能还是有百害而无一利的。过度沉迷网络游戏让你失去了时间概念，终日大门不出二门不迈，三餐难继，更不用说到户外散步呼吸新鲜空气了。经常有新闻报道沉迷于网络游戏的少年宅在家中数年，导致心智迷失、营养不良，整个人就如同行尸走肉一般。想想你自己，如果有两天的休息日，也许你就缩在家里，靠速食面填饱肚子，而你唯一做的就是在网络上闲逛，看电影、打游戏、灌水……又或者你跟朋友一起，一群人出去泡吧，喝到凌晨回家，头痛欲裂，好几天都难以恢复。或者你夜夜有饭局，每天最重要的事就是寻觅美食，吃到腰腹肿胀才回家。或者是你按捺不住冲动，买了一堆当时很喜欢过后根本不会穿的衣服回来……

看到以上的这些做法，你是不是觉得很愚蠢？但你会不会又觉得很熟悉呢？对，这就是大多数拖延症患者曾经做过的事。你应该将这些有害无益的事情通通从你的生活中驱逐出去。提到这些，还有很多人表示不能理解，这本来就是正常生活的一部分，衣食住行，没什么好值得大惊小怪的。

Soft Addiction 小心！软瘾

消除"我必须"思维模式

当你开始做一份企划案的时候，你必须要泡一杯浓咖啡吗？当你为期末考紧张复习的时候，你必须打开音乐作为背景声吗？你纠结于买一盆什么样的植物放在桌上，但是你为什么不动手清理一下你的桌子？你明知道着急要的贷款合同就在抽屉里的某一处，为什么不立刻起身将整个抽屉重新整理一遍？

不论做什么事，你都应该先问问自己："这件事是必须要做的吗？不做它会对我的生活造成什么样的影响？这件事必须现在做吗？有没有比它更要紧的事情？"

实际上，你少买一些衣服，这些对你来说并没什么损失，少去几个饭局，你的真正交际并不因此受损，反倒可以省下时间与家人相聚，增进感情。

你常常会觉得时间"嗖"地就飞走了，而你要做的事情却一件都没做。你还是觉得疲惫不堪，因为你被许多闲杂事情占据了太多的时间。拖延症患者常常心怀高远，对事情都持很高的期待，相信只要自己努力，就能做好所有事情，说得难听点儿，就是"心比天高"。但是他们的生活杂乱无章，乱七八糟的事情给了他们借口不用做每件事，或者是什么都不做，一堆无用的琐事将他们做重要事情的时间和精力完全夺走了。

由于对自己的失望和不满，拖延症患者更希望得到别人的肯定。被自己肯定是不可能了，那么他们就将希望寄托在他人身上，希望得到他人的肯定。所以，当其他人请他们做事的时候，他们很难拒绝，尤其是当别人说他们是做这份工作的不二人选时，他们的自信心就会膨胀。有时候，你不想去帮助别人，或者实在抽不开身，但是你又找不到理由拒绝，你担心因此而让对方恼怒。可是，即便你做了，你还是会在心里充满愤懑，尤其是影响到你自己的事情时，你更会心生愤懑，将所有的过错都推到对方头上。

其实，完全没有必要，这些事情你大可以直截了当地推掉，不用担心他人对你的看法。

生活中的很多事情让你心生厌烦，但是你又不得不去做，譬如去银行还款、养护汽车、去上班等。虽然这些事惹你厌烦，但是它们对你来说的确极为重要，做好它们，你的生活就会过得更加轻松。但是，那些对你的生活没有多大益处、无法使你朝着预期的目标行进的事，你最好还是尽量将它们从你的生活中删除掉。

Soft Addiction   小心！软瘾

时间管理中有一个著名的"二八法则"也就是说，20%的事务对你来说是最重要的，并且能够产生最大的影响，剩下的80%的事务则无关紧要，做不做它们对你的生活都没多大影响。你应该学会将更多的精力投入到那20%的事务上去，尽力抛弃那些无关紧要的琐事。少给自己一丝患上软瘾的机会！

6. "丰富生活的节目"

其实，每一个抱怨软瘾害人不浅的人都忘记了，生活中除了你沉溺的那些事物，还可以有更加丰富的节目。正如我们的生活充满了阳光。只是，由于客观原因，很多职场人士不得不处于一种工作压力较大的状态下，这使得他们常常暂时性失忆，忘记了生活的精彩。

在生活中，我们应有意识地培养自己多方面的兴趣，如爬山、打球、看电影、下棋、游泳等。兴趣多样，一方面可及时放松自己，另一方面也可有效转移注意力，使心绪和思考由迷恋的事物适时地转移到其他事物上，有利于消除工作的紧张和疲劳。

某公司的一位销售经理的业绩一直不好，于是，他与手下的业务员们的关系开始变得紧张，一贯自信的他也开始害怕见到公司总裁。最重要的是，这位销售经理的健康状况每况愈下，开始感觉浑身疲惫，说不出哪里不舒服，觉得后背疼痛，心脏也不舒服，并且双手颤抖，严重的时候甚至双手抖得端不起一杯水。他看了好几次病，做了多种检查，显示一切正常。最后，一位医生建议他去做心理治疗。

医生根据这位销售经理的情况对他进行了"**心理认知疗法**"：分析销售业绩下滑的原因，引导他对这件事情变换角度重新认识。每周一次的个别心理治疗。进行到一个月的时候，销售经理的种种不适有了明显的缓解；在治疗持续了半年的时候，他的心理状况明显改善，感觉工作效率比以前提高了很多，销售任务也完成得很顺利。

但我的另一位朋友海莉本来对工作满怀积极性与热情，但是因为看到周围同事都消极怠惰，于是她也跟着拖延起来。良好的工作氛围对工作有很大的帮助，尤其对初入职场、方向不明确的新人来说更是如此。但是，对于很多人来说，工作环境并不是他们能够选择的，那他们就得适应环境。在此基础上营造属于自己的积极工作氛围，为生活创造更多精彩的节目。

- **结交努力进取的朋友或同事**

这一点非常重要，好的朋友能够帮助你提升，而不好的朋友则会将你的水平线越拉越低，并且染上一身坏习惯。而习惯一旦养成，想要改变就难了。最好找一个能及时监督你的朋友，一旦你拖延了，他就会明确指出，及时纠正。

- **尽量参加各种工作相关培训**

很多公司都有相关的职业培训，把握住机会，尽量多多参加。在这种培训班你能学到很多东西，可以及时应用到工作上。同时，还能结交不少新进的同事，甚至有可能被领导赏识。

- **避免讨论各种八卦话题**

很多职场人，尤其是职场新人都认为要跟同事搞好关系，参加讨论他们的八卦话题是一个很好的切入点。殊不知，讨论这种话题只能让自己越来越空虚、效率低下，其他同事也会将你看成是不好好工作、成天八卦的好事者。另外，很多八卦涉及公司的同事，很容易招致各种麻烦。

- **正确看待额外工作**

如果有同事请求帮助分担他们的工作，可以量力而行，但要在不影响自己手头工作的情况下。要知道，一个人的时间用在哪里是可以看到的，你花了很多精力在工作上，自然也能得到相应的回报。这种回报不一定通过薪酬体现出来，你自己所掌握的专业知识和工作技能对你而言是更宝贵的财富。

- **正确对待机会**

长期目标是你奋斗的方向，一定不能丢弃。不要因为有一个看似诱人的机会或有一个更高薪水的职位就放弃初衷，在选择前想一想是否值得，新的机会是否真的适合你，能够为你带来什么样的长期收效。比较利弊，正确对待各种机会。如果这个机会真的适合你，就不要犹豫，赶紧抓住。如果不适合，还是果断放弃的好。

总之，当你的生活变得丰富多彩时，你就会真正用心热爱生活，远离那些不必要的，让你沉迷已久的琐事。

7. 一心莫两用

患有软瘾症的人很多都同时患有注意力缺失紊乱和执行功能障碍症，这让他们的软瘾症状变得更加严重。这些人的自制力都很差，很难约束自己的冲动，抗外界干扰的能力也很差，而这些正是引起软瘾症的主要因素之一。对你来说，任何新奇的刺激，譬如新观念、思维、声音、感觉、冲动和新面孔都具有极强烈的吸引力，想让你不注意它们是不可能的。而因为你平时的软瘾，手头总有一大堆需要做的事，所以你在不情不愿地做着手头工作的时候，又被这些新奇的事物占去了一部分注意力。这样一心两用让你很难去组织管理一件事，也很难坚持不懈地推进某件事的发展，你的软瘾症状会越发严重，从而出现恶性循环。

对于软瘾症患者来说,最重要的就是将自己的注意力收回,集中精力在自己应该做的事情上,让一切渐渐地走上正轨。所以,对你来说,重要的一点就是要有策略地减少干扰的数量,并时刻提醒自己回到正在从事的事情上。

第一步:将重心转移到自己的内心世界

我们在接受新事物的时候都是从外在支持开始,通过对外在行为的再重复逐渐将其内化,外在的支持逐渐消退,最后我们才能在没有外界支持的情况下独立完成。集中注意力的做法也是一样,通过外在支持一再强化你集中自己的注意力,最后将这变成自动自发的行为。

外在世界纷繁多变,尤其是现代社会信息爆炸,我们很容易迷失自己。想要扭转这个现状,我们必须把注意力转移到内在世界来。我们需要不时地提醒自己,强化自我监督,与自己交流。通过自我监督,我们才能按步骤做事,帮助自己坚持最初的目标,适应周围的环境,调整情绪,能及时辨别自己表现的好坏,并及时进行调整。但是,对很多人来说,注意力缺失已经成了常态,不论做什么事情,他们都极容易溜号,他们的大脑思维总是跳来跳去,无法延续同一个话题。这种情况下,最好的方法就是找一个外在支持者。你可以找人来帮你规划一个执行策略，并且在整个过程中随时监督、引导你。如果没有这样的外在支持者，你就要注意自我监督了。你可以在墙上贴上"集中注意力"这几个字，每当你意识到自己要走神的时候，就看一下这几个字，相信收效会比较明显。

第二步：反复强化自己的目标

很多人都会出现这样的状态，目标明确、科学，实现目标的每一个步骤也都经过详细分解，容易操作。其实你内心也经常渴望踏踏实实地做下去，全力实现这个目标。但是，你有一个致命伤，那就是任何事情，转头就忘！你经常在要锁门的时候到处找钥匙，找了半天，最后发现钥匙居然在你上衣的口袋里！

你准备好了一切，前一天晚上睡觉前就把这一个月要做的事情全都规划好了。全天的时间表也早早列了出来，可是当你洗脸刷牙以后，你站在水池边，不知道接下来该干什么，你完全忘记了自己规划好的时间表。

你打算给自己做一顿丰富的早餐，你烧了一壶开水，到冰箱里拿麦片。视线扫过冰箱里的冰冻层，你想起上次买了一袋水饺，再不吃就要过期了，于是你转头就去拿水饺。当你做好了一大锅水饺的时候，猛然想起，自己本来是要吃牛奶麦片配吐司的。

吃早饭的时候，你突然想起昨天朋友跟你提到的一本书，于是你打开电脑，去查询那本书。你看了网站上别人对这本书的评价，在评价里又提到另外几本书，于是你一路看了下去。但实际上，计划表提醒你这会儿应该开始你的工作了。在这种情况下，你是真的不记得自己要做什么了，而不是有意要犯软瘾，你内心深处也没有深深的恐惧。其实你对这种情况也很恐慌，觉得这是自己早衰的表现。

针对这种情况，一个有效的做法便是寻找执行闪光点。仅仅一个完美的计划不足以支撑你一路坚持到底，你需要有一些外在的东西来帮助你、支持你，它们提醒你在什么时候、什么地方该采取行动。

关于行动力，在下一章我们会有更详细的讨论。总之，这个时间和地点就是目标的执行点，也就是你的逃避点。提醒逃避点的方法非常多，下面简要列举几种常见方法。

- 视觉反复

很多人都会在自己触目所及的地方贴上便签条，上面记着你可能需要拨打的几个电话，你什么时候要去干洗店取衣服，你跟朋友几点钟约在哪里碰头,你几天后有一个报告要提交……这种做法是很常见的,但也很有效。这些出现在你身边环境的视觉提示能够产生很好的收效。你一抬头就能看到它们,这些提示反复出现,逐渐在你的大脑中得到强化,最好的效果是不需外在提醒也能自动去执行。还有一些人会在电脑里设定程序,每到一个计划好的时间点,就会有相应的提示弹跳出来,提醒你接下来该做什么。这样的提示很有效,它能及时提醒你接下来的步骤,并且帮助你从无止境的网游中脱身出来。

除了电脑以外,办公桌的墙上、洗手间的镜子上、床头或者是办公间隔断板、汽车方向盘等处都是很好的贴条地。你可以将每天需要做的事情贴在这些地方,保证你只要睁开眼就能看见,从而时刻提醒你。

- 听觉反复

听觉反复与视觉反复是同样的道理,只是将看到的提示转化成了听到的提示。你可以在手机上设定闹钟,每到一个时间点,手机就响了,提解你该采取下一个步骤了。或者当你在埋头干活儿的时候,手机"滴"的一声,提示你半小时后有个重要的会议,你需要提前做准备。这样你就不用花心思去记住这些烦人的事,只需要专注于你手头的工作就行了。

- 朋友或家人监督

除了上面这两种被动的提醒外,我们还可以借助朋友或者家人的力量，成为我们的行动提醒者。你可以同他们一起制订计划，或者让他们对你的计划提出建议。很多事情都是"当局者迷，旁观者清"，也许旁人能够帮助你理清思路。在同他们的交流中，你也许就会意识到自己的计划有些不切实际，或者可以找到改进方法，使它更具可行性。向别人坦陈你的计划，对于下一个步骤你也会更加明确。

每到一个预定的时间点都会有人来监督你之前所做的工作，并且提解你接下来要做什么。这听起来好像让人心生恐惧："啊，如果有个人整天盯着我，我会崩溃的。"可是，为了不让别人看轻你，你肯定会努力在规定的时间内做完事情，这对你来说绝对是一个极有力的战胜软瘾的方法！

PART5 行动（ACTION）是核心之"桩"

——战胜『软瘾』恶魔需从行动上删除拖延模式

　　Judith 教授认为，解决问题的关键是解决核心问题，除了要驱除心里的恶魔，必要的行动能进一步辅助人们战胜软瘾症。因为从心理角度来看，上瘾的一个重要原因是逃避和拖延。拖延的倾向越大，上瘾的可能性就越大。反之，如果在想要逃避、自我麻痹时，制订清晰的行动计划并付诸实施，能在一定时期后删除拖延模式，逐渐战胜"软瘾"恶魔。

行动（ACTION）是核心之"桩" PART 5

1. 拖延症公式：U = EV/ID

加拿大卡尔加里大学的 Piers · Steel 教授研究并提出了"拖延公式"——U = EV/ID。

对这个公式的具体解释是：U 表示效能，即任务最终完成的程度。它等于你对成功的信心（E）与你在执行任务时的愉悦程度（V）的乘积，除以你的分心程度（I）与你多久能得到回报（D）的乘积。

对于绝大多数软瘾症患者来说，想要改变的念头不止出现一次两次了，可是每次他们仍旧会走回老路，软瘾症依旧一次次发作。

明明事情就摆在眼前，只需要动身去做就是了，你却只是坐在那里，焦躁难耐，这种焦虑状态让你极为难受，于是借助

Soft Addiction 小心！软瘾

其他方式（诸如打游戏、上网、打电话）来试图摆脱这种焦躁。你在游戏中似乎获得了小小的内心满足，但是心底有个微弱的声音在不断地呼号，你试图摆脱，却摆脱不掉。

下面的这个例子反映的就是软瘾症患者无法自我控制自己的行动，想要改变却依然患有软瘾的真实状态。

雨薇是一名宣传推广人员，公司要推出一个新产品，需要她们部门做出一个不错的宣传方案。总监指派雨薇和另外一名同事分别拿出自己的宣传方案，为期一周。她和同事都很清楚，这个项目事关重大，谁做得好谁就有可能升职加薪（U）。虽然之前雨薇对这个产品作过充分的市场调研，她认为那个项目其实花3天时间就能做完（D），但是仍旧非常担心（E）。因为雨薇知道她的自制力不够，担心自己的软瘾症会毁了这个项目（I）。

这一次雨薇下定决心，不能让软瘾症毁了她的生活。于是，周一早上6点她就爬起来了，她认定自己会以一种有条不紊的方式将这个项目做完。她觉得自己起得太早，虽然非常留恋被窝的温暖，但还是告诫自己一定得克制，早点儿开始做这个项目。她就这样坐在书桌前，想着该如何将相关的资料整合起来，脑子里却是一团乱麻（U）。一个小时过去了，她只在纸上写下了项目名称和几个关键词。

雨薇本来以为事情会自然而然地启动，不需要她付出什么

行动（ACTION）是核心之"桩" PART 5

特别的努力。

但是，一上午的时间很快晃过去了，她发现这次的情况跟以往并没有多大区别，她开始担忧起来。

早点开始的机会已经错过了，想要开个好头的愿望成了幻影。雨薇开始焦灼起来，压力似乎正一步步向雨薇迈进，要将她吞噬。雨薇不再认为自己能够自动自觉地上手做出策划案，开始想到要立刻做些什么，但还有一周才提交方案，所以，雨薇心里仍然存有一丝侥幸。

几天时间又很快溜走了，雨薇还是没能开始撰写策划案。现在，一种不祥的预感笼罩在雨薇的头顶，她暗暗想到自己有可能永远不会开始了，然后，她脑海中便浮现了一系列相关的可怕后果，她可能会因此失去晋升机会，甚至会失去这份工作。没了工作，她的房贷无法继续，房子有可能被银行拿去抵贷……她越想越恐惧。同时，自责的想法浮现在她的脑海中。"我本来应该早点儿开始的。"雨薇这样想着，但非常清楚这已经是无法改变的事实了，只能不停地责备自己。想到以后的生活可能失去保障，她就后悔不迭，摇着头，不停地叹气。

但是，这个阶段雨薇还是不想做那份策划案。雨薇的目光飘向那一行标题，又很快移开了。雨薇焦灼不安，开始试着找一些其他的事情来做。她环顾四周，觉得屋子里的东西堆得乱

Soft Addiction 小心！软瘾

七八糟，应该好好整理一下了，洗衣机里还有一堆需要洗的衣服，水池里还有碗要洗……她连忙起身，强迫自己赶紧把碗洗了。接着，她又开始收拾屋子，把屋里折腾得乱七八糟，然后再一样一样地摆放整齐。雨薇宽慰自己：我起码做了一些事情。是的，雨薇做了一些事情，但是她心底清楚地意识到，策划案还没开始做呢。

接着朋友打电话约雨薇明晚去看电影，她十分不耐烦地拒绝。心想手里一堆这么重要的活儿，哪有心思去看电影啊？第二天，雨薇坐下来，想要开始工作，还是觉得心浮气躁，写了几行字就写不下去了，于是打开网页，看看能不能查到一些更详细的相关资料。很快，雨薇的兴趣便被论坛的帖子吸引了过去。她看帖子看得很高兴，看完之后就有了深深的负罪感：**都这个时候了，我还没开始干活儿，居然还在看这些无聊的东西。**

已经到周三了，事情却没有半点儿进展，雨薇觉得非常惭愧，去公司的时候都低着头，不好意思跟同事打招呼。她不希望总监知道自己没有丝毫进展，一整天她都装作很忙的样子，在电脑前埋头苦干。下班的时候，总监过来问雨薇的进展，她支支吾吾地说：“做得差不多了，快好了，不过还有一些重要数据需要补充。”说这些话的时候，雨薇不敢抬头，声音带有明显的颤抖。

行动（ACTION）是核心之"桩" PART 5

你是否想要告别软瘾却无法自拔？

虽然雨薇觉得非常愧疚，但是她依然觉得还有4天的时间来完成这个策划案。实际上，目前的情势已经非常严峻了，她依然希望能够有奇迹出现，自己能在截止日期之前将完美的策划案交上去。

到周四下班的时候，雨薇已经开始对自己绝望了。她对自己非常讨厌，觉得自己缺少正常人应有的自制力和约束力。在这种情形下，她做事依然拖拖拉拉，她实在是病入膏肓了。

到了周五晚上，雨薇脑中纠结的就是两件事情：到底做，还是不做？实际上，她很清楚如果不做就会带来灾难性的后果，可是她一直磨磨蹭蹭地，就是不想下笔，脑子没法理清逻辑思路。

环顾四周，看着周围的摆设，都是雨薇精心布置的，花了很多心血。她咬咬牙，对自己说："我不能再等了，我必须马上开始。"生存的压力变得如此巨大，她实在无法再等1分钟了。她想着，不管做出来的策划案是什么样的，总比完全不做的好。于是，她开始一点一点地整合资料，到周六的早上，雨薇草草吃过早饭就强迫自己在书桌前坐下来，开始策划案的分析。让她惊奇的是，事情并没雨薇想象中那般不可救药。

虽然这个过程非常困难，让雨薇觉得很痛苦，但是雨薇基本整理出了大体轮廓，这让她长长舒了一口气，她甚至觉得自己有些享受做事的过程。她之前将这个过程想得那般艰难，现在觉得实在是庸人自扰。她开始埋怨自己："为什么我不早点儿沉下心来做呢？这样的话，现在已经完成了。"

"啊！就快解脱了，我只要坚持着做完。"雨薇这时不再浪费一分一秒的时间，她要跟时间赛跑。之前她已经浪费了太多的时间，她必须废寝忘食，打起十二分的精神才能把这项任务给完成。至于能不能做好，她现在已经不再奢望了，只求能够尽早完结吧。

当这个策划案最终完成并交上去的时候，雨薇长长地出了一口气。她已经不再关心后续的事情了，她知道，这个策划案虽然提交了，但是漏洞百出，总监肯定是不会选取这一份的。做这份策划案让她精疲力竭，饱经磨难，幸好已经过去了。她实在无法想象再来一次这样的折磨她会成什么样，所以她下定决心要想办法告别软瘾。

很明显，下一次又会怎样呢？难道真的就此脱胎换骨迈上高效之路了吗？她之所以会患有如此严重的软瘾，是因为她在潜意识里给自己找了不少借口。周一的时候，她觉得时间充裕，

行动（ACTION）是核心之"桩" PART 5

所以没有着急，将时间白白消磨掉了。虽然她也为自己感到羞愧，但是潜意识里总觉得还有时间和机会来补救，所以一直拖到周五的晚上才开始动工。到了周五晚上，她清楚地意识到，这件事情是没法再拖下去了，要么放弃，要么赶紧完结，没有多余的时间挥霍，所以她选择坐下来，着手做这件事。实际上，很多重症软瘾症患者由于长期的"病症"折磨早就丧失了斗志，在这种情况下，他们很可能会选择放弃这个项目。但是，放弃又让他们觉得痛悔难当，寝食难安，更加否定自我，滑向自我放逐的边缘。

可见，软瘾症患者大多处于失调状态，不仅思绪纷乱无序，他们的工作与生活环境也杂乱无章。这既是他们软瘾症的反应，同时也加重了他们的软瘾症。而且，很多软瘾症患者也会相互扎堆，寻求彼此的安慰与认同对他们来说比较重要。如果知道很多人都跟他一样处于软瘾病症中，他就会认为自己的软瘾症不是什么大不了的事情，对软瘾症的焦虑就能稍微减轻。对他们来说，更迫切需要改变的是他们的环境和心态。

* 打扫屋子或者办公室，将所有的东西都整理出来。
* 做好详细的记录，排好序列号，将东西分门别类地存放。
* 注意存放的顺序。

常用的东西放在收纳盒中,放置在显眼的、随手可取的地方,很难用到的东西放到储藏间。每个盒子上都贴上标签,标注序列号和内容。

* 供娱乐、放松的物品尽量放在不容易拿到的地方。

优先摆放与工作和长期目标相关的物品。

* 装订一份记事本。

用不同颜色的笔标注出每日待做的事情,挂在床头或者贴在电脑屏幕旁,以便随时都能看到。

* 改变整个屋子的风格或者办公室格调。

尽量明朗、振奋。电脑旁摆放几盆绿植,使心情愉悦。

行动（ACTION）是核心之"桩" PART 5

2. 1.01VS 0.99

一位日本小学校长制作了这样一条发人深省的标语——
"1.01vs 0.99" 法则

1.01 法则：

1.01 的 365 次方 = 37.8

0.99 法则：

0.99 的 365 次方 = 0.03

1.01vs 0.99 表面上看起来只相差 0.02，但把这个微小的差异累积后，差距就很明显了。

积少成多、聚沙成塔，这一来一往的差距还真是大。

想要彻底实现成功的人生，将软瘾从生命中驱逐出去，首当其冲的一点就是确立目标并坚持不懈地实现。有人说，成功

Soft Addiction   小心！软瘾

在一开始仅仅就是一个选择。你选择什么样的目标，就会有什么样的成就，什么样的人生。

哈佛大学有一个关于目标对人生影响的跟踪调查，调查对象是一群在智力、学历、环境等方面都处于同等水平的人。调查结果发现，27%的人没有目标，60%的人有较模糊的目标，10%的人有清晰而短期的目标，只有3%的人有清晰而长期的目标。25年的跟踪结果显示：3%的人25年来都不曾更改过目标，他们朝着目标不懈地努力，25年后他们几乎都成为了社会各界的顶尖人士。10%的人生活在社会的中上层，短期的目标不断地被达成，生活状态稳步上升。60%的人几乎都生活在社会的中下层，他们能够安稳地生活与工作，但似乎都没什么特别的成就。27%的人几乎都生活在社会的最底层，25年来生活过得不如意，常常失业，靠社会救济生活，并常常报怨他人、抱怨社会。这就是由很小的差异带来巨大差距的典型例子。

在这项调查中还发现了一个很有意思的现象，那就是有长期目标并且为之努力的人，在他们的词典里就不会出现"软瘾症"这个词。他们很少会荒废时光，因为他们的目标早就确定了，人生道路早就规划好了，他们是一步一步按照既定的规划来实现的，所以不会出现无所事事的时候。而那些生活在底层的人，他们经常不知道该干什么才好，虽然手头有很重要的任务，可是常常拖拖拉拉，失去了一个又一个机会，丢掉了一个又一个饭碗，在人生道路上一路下滑。这些人总是执迷于一时的享乐，看不到未来，他们对自己没有充分的认识，总是过一时算一时。

而实际上，今天的生活状态不由今天决定，它是过去生活目标的结果。明天的生活状态也不由未来决定，它将是今天生活目标的结果。我们树立了什么样的目标，就会以这目标作为自己行动的导航灯。

目标对人来说影响深远，它可以给人的行为设定明确的方向，使人充分了解每个行为的目的，使自己明确身边所有事情的重要性与非重要性，清楚什么是最重要的，能够帮助我们合理安排时间。清楚了目标，我们就能够把握住今天，为将来的所有可能性做好准备。我们能够准确地评估自己每个行为的进展，正面检讨每个行为的效率，还能使我们在长期艰苦的努力中看到努力的结果，从而产生持续的信心、热情与行动力。

可是，许多人都会有明确的人生方向，有清晰的目标，但是为什么还是在人生道路上徘徊不前，迟迟无法取得成功呢？

成功是需要付出代价的，也是需要长期坚持不懈的，这就是实现成功的成本。通常情况下，实现越大的梦想，往往需要付出越多的成本。一个人能有多大的成就，取决于他能付出多大的成功成本。一个人的成功概率有多高，取决于他的期望强度有多大。如果对自己的期望强度不是很大，他承受的压力、成功成本，也就不会太大，同时他成功的概率也就会较小。

每设定一个目标，尤其是具有挑战性的目标，务必列出为何要实现它的 10 条以上的理由或好处，而且好处越多越清晰，对我们达成目标会越有好处。对你没什么好处的目标，你的潜意识会认为没有必要为它做那么多事情，也就意味着目标被实现的可能性已经不大了。

行为科学的研究结论表明，人不会持续地去做自己都不知道为什么要去做的事情，其实"为何"常常比"如何"来得更重要。所以，我们在确定目标前一定要弄明白自己为什么会确定这个目标，它会给我带来什么样的结果。只有这样，我们在遭遇短期挫折时才不会一味退缩，才会坚持下去。

坚持是实现人生目标最重要的素质，"骐骥一跃，不能十步；驽马十驾，功在不舍"，所有的成功都是需要坚持的。愚公移山，带领子子孙孙经年累月不停地努力，终于感动天神，帮他将太行、王屋二山从其家门前搬走。

如果一个人能为一个目标坚持不懈，那么软瘾就不会在他的行为模式中出现。"软瘾"与"坚持"是相互对立的，软瘾是将可能的事情变成不可能，而坚持就是将看起来不可能的事情一步步变成可能。

针对软瘾的五步改变法就是：觉察→行动→调节→接受自我→自我实现。

这是循序渐进的行动，以自我观察为视角，将改变拖延整合成一个强有力的过程。这是一个动态的变化系统，这五步互相依存，互相作用，但是每一步需要优先考虑的事情不尽相同，行动时才会觉察得更深刻。

第一步：觉察

只有意识到自己患上了软瘾，你才有可能去改变它，这是改变的先决条件。你应该注意让自己对所思、所想、所做的事情有清晰、明确的认识。你对自我的思维进行再思考，使目标变得更清晰。在所有的行动中你始终进行着自我调节，你会让自己采用更高效的行为，以此来得知自己能为减少软瘾症做些什么。这种方法致力于自我发掘，能够有效地改变自我。

第二步：行动

行动是至关重要的，不管理论上做了多少，付诸实践才是最重要的，这一部分足以扭转软瘾症患者的想法。你应该注意分析，看自己如何能够通过努力来产生成效，同时反思你追求积极结果的过程，分析自己在这个过程中带来了哪些观念与情绪上的转变。

在行动中，你能一点点地实际验证自己的不切实际的想法。"纸上得来终觉浅，绝知此事要躬行。"理论的掌握与实际掌握是两码事，这不过是一个行动的基础罢了。就好比你想学骑自行车，对于自行车的原理、构造都了解得一清二楚了，但是不真正去试，不去摔几跤，你可能永远都不会真正骑自行车。克服软瘾症也是如此，觉察是理论层面的，想要真正有所改变，必须开始行动，而行动也能使觉察层面更加深入。

第三步：调节

这是你在实际行动中固有的软瘾症思维与新植入的高效观念相冲突的过程。你旧有的思维仍想延续那种软瘾产生的快感，而新的思维告诉你应该立即行动。在这两种冲突中你应该努力调节，使自己适应新的思考方式和新的行为，让行动压倒拖延。

行动（ACTION）是核心之"桩" PART 5

第四步：接受自我

很多人终其一生都生活在幻想中，他们为自己打造了一个所谓的理想境界，哪怕这与现实相距十万八千里。他们心底知道真实的自我是什么样子，他们拒绝接受，只希望自己是理想中的状态。他们在面对现实的不如意时，常常会责怪自己，对自己的能力充满怀疑，对真实的自我充满厌弃。接受自我是让你从理性上认清并接受真实的自我，从而增强自我的忍受力。当接受自我变成一种自觉意识时，你就会想要探究自己变化与强大的极限，使自我积极振奋起来。

第五步：自我实现

自我实现说起来很神秘，其实也可以简单化。你可以将自我实现看成最大限度地发掘与拓展你自身的潜力与资源，在那些你认为有意义而且应该努力的领域里作出积极的转变。

自我实现不是一个短暂的行动点，它是一个长期坚持的过程。如果你希望从头来过，重新塑造自我，你会采取什么行动？在哪些有意义的领域去发掘你自身的潜能呢？还是从问题中找到答案吧。

当你在上面五个步骤的指导下一步一步实现自我时，你对自己又有了什么样的认识？

对于软瘾的战斗并非一朝一夕就能完成，需要经历长期的过程。你要不停地同旧有的思维、情绪和行为作斗争，你要反驳不理智的软瘾思维，学习增强自己的适应力，不再轻易向逃避屈服，建立一种高效工作的行为模式。这是一个不停练习、不断实践的过程，一定要坚持不懈，总有一天你会发现追求高效率已经成了你的自发意识，就好比以前不由自主地逃避一样。这个过程是很痛苦的，不可能一帆风顺，你可能会遭遇很多挫折。但是，只要坚持下去，经过不断的累积（达到一定的量，比如365天之后），你就会彻底改变自我。

行动（ACTION）是核心之"桩" PART 5

3. 与一万个理由格斗

你本来已经计划好做某件事，但是你却磨蹭着不想做，或者是做了其他无用的事。在那个时刻，你本来计划写一份策划案的大纲，本来要给客户回个电话，本来要整理市场调查的文书……可是你都没有做，你当时做了什么？你又对自己说了什么，给自己找了什么看似合理的借口？软瘾症患者常常会为自己的行为找到一个合理的解释或借口，虽然他们也一再为自己的软瘾症谴责自己，但是他们心里肯定埋藏着一个为自己开脱的借口。

软瘾症患者常常凭借一些看似合理其实毫无根据的借口，一昧地为自己辩解。这样的行为导致他们在软瘾症的泥潭中越陷越深，等到有一天他们想爬起来的时候，却发现想要走出这个泥潭是一件太困难的事情了。

通过许多份调查问卷,我惊讶地发现,其实软瘾症患者的软瘾信条大致都相差无几。总结起来,有以下几条。

* 我力求完美,我不能容忍缺陷;
* 我与众不同,任何事情只要我想做,没有做不到的;
* 做多错多,不如不做;
* 我做任何事情都应该轻松简单,不用大费周章;
* 这个世界的成功机会只有那么多,如果我成功了,就会有人因此遭受失败的打击;
* 如果我上次做得够好,那么我这次应该做得更好;
* 我讨厌竞争;
* 我无法忍受任何限制,这意味着我失去了自我;
* 真实的我是极其令人讨厌的,没人会喜欢;
* 我现有所拥有的一切都是无法割舍的;
* 不论做任何事,最简捷、最正确的方法永远只有一个。

也许你会觉得不以为然,觉得你的理由似乎不在其中。但是,请仔细反省一下,审视自己那些行为的深层动因,是不是符合上面某一条或者几条信念呢?事实上,这些信条都不是绝对的,不过是每一个人在为自己的软瘾行为下意识地找一个合理的借口罢了。当这个借口与他自身的情况比较相符,很可能

行动（ACTION）是核心之"桩" PART 5

当软瘾的行为再次出现时就被他拿来当成了软瘾行为的挡箭牌。

从现在起，每一次软瘾发作，无论你为自己找了什么借口，哪怕这个借口看起来多么可笑，你也要将它记录下来。很多借口都不是你事先琢磨好的，而是在你不想做事的那一瞬间突然冒出来的，都把它们记录下来吧。过了一周，拿出记录本看看，你都记录下了哪些借口。调查结果显示，软瘾症患者常用的借口大体相似，下面就是软瘾症患者最常用的一些借口——

* 我对这个项目的准备工作做得还不够，我不能这样贸然开始；

* 我的时间绰绰有余，我不用这样着急开始，我可以适当放松一下，这样有助于我高效地工作；

* 外面的阳光真好啊，鲜花都开了，我却坐在这里干活儿，实在是太浪费大好时光了；

* 我已经表现得很不错了，现在到了该犒劳自己的时候了，我应该好好休息一下；

* 我今天觉得身体有些不舒服，头有些疼，需要休息一下；

* 我今天没什么心情，等调整好心情再开始；

* 我正在看的一部美剧有新的剧集出来了，我先把这一集看完了再干活儿；

* 我觉得有些累，想要呼吸一下新鲜空气，所以我应当到户外逛逛，清醒一下头脑；

* 反正做这件事的最好时机已经错过了，我还是再等等看有没有下一个合适的时机；

* 我今天工作很多，等晚上回家了再来做这件事也不迟；

* 周末我有大把的时间来做这件事；

* 反正我已经拖了很久没回复这件事了，现在回复也晚了，等对方催的时候再说吧；

* 既然最难的部分我都搞定了，后续的事情就更容易了。那让我先休息一下，然后再来做后续的事情吧。

对照你的记事本，看看你的借口跟上面的这些有没有重合。你的那些借口导致了什么样的后果？那些借口都是你逃避意识的外在表象，你应该对它们加以审视，这样做对你来说非常有效。

当下一次你的软瘾症发作的时候，你想想看有没有什么事情会刺激你的动机。譬如，在一个软瘾发作的借口冒出来之前，你都在想些什么？你有什么样的感觉？你想要做些什么？

这是一个常见的例子。有一名调研员本来应该去市场调研，他发现自己很不想动，早上9点了还赖在床上，心里想着："这么冷的天,还下着雪,交通肯定堵塞了,我不去也可以。"他为什么会这么想、这么做呢?实际上,下雪只是一个外在阻力,以前下雪的时候他照样出去调研。就是因为他无意中得知领导今天出差,没有人会去视察他调研的那一片区域,而调研结果他可以从以前的数据中推测一些。

他又想到:"我昨天晚上咳嗽得很厉害,可能感冒了,今天要是再出去的话,感冒会更严重。"实际上,这不过也是借口罢了。他只是意识到这一次的缺席不会给他造成太大的影响,所以早上9点他还躺在床上,不停地为自己开解。

不理睬借口,直接行动

不是所有的借口都是毫无依据的,你可能真的病了,可能真的很累,头很疼,或者是缺乏积极性,或者是饥肠辘辘。但实际上,哪怕是你的借口中确实有真实的一面,你采用这个借口的根源也不过是为了逃避内心的不适感而已。你知道自己头疼,这是真实存在的状态,你甚至为此窃喜,可以利用这个原因得出自己想要的结论:"因为我不舒服,所以我应该以后再做这事。"又或者说:"我累了,需要休息整顿一下。""现在电台里正播放着我喜欢的钢琴曲,这个节目很不错,我不想错过,

Soft Addiction 小心！软瘾

事情可以以后再做。"

身体不适、焦躁、困倦，缺乏激情，忙碌不堪，这些都是常见的现象，每个人都会遇到。但是，不论你给出了什么样的借口，也不论你身体多么疲累，多么无精打采，或者真的忙得连喘口气的机会都没有，你都需要花一些时间来调整一下，做一点儿事情。想必你的脑海深处也非常清楚：那些没有软瘾症的人也会遇到这些情况，但是他们依旧会坚持不懈地做事情。你应该努力克服自己对做某件事的反感，这不是为了证明你自己，而是使你紧张的情绪放松下来。当你意识到自己在找借口的时候，你就可能会去思考，在软瘾症这个表面现象的背后隐藏着怎样的问题，你就会更深入、更全面地了解自己。当你深入、全面地认识自己后，你就会得出不同的结论，你的心态会在不知不觉中发生转变。你可以尝试着这样告诉自己换一种想法，过一段时间后，你就会发现这些软瘾症的借口会一点点消失，取而代之的是积极的念头。譬如：

* 哪怕是现在做这事的时机不对，但是不管怎样，我还是会想尝试一下；

* 虽然这件事一开始就注定不会有很完满的结局，但是我能从中学到不少东西，所以也是值得尝试的；

* 虽然现在准备得不够充分，但是我仍然可以从能够着手的方面先入手，也许过一段时间那些难解的方面也都会迎刃而解；

* 我现在头很疼，很困，可是我还能撑一阵，再干半小时，然后轻轻松松地上床睡一觉；

* 事情比想象的要难以解决，所以更不应该放弃，而是集中精力，投入更多的时间来做好。

当你在不停地为自己找借口的时候，你就是在退缩，不想为任何有可能的代价负责。但实际上，只要行动了，有可能成功也有可能失败，但是不行动，永远只有失败的可能存在。如果你保持积极的心态去面对，你会愿意采取行动。哪怕事情再困难，或者你多讨厌做它，你都会坚持去完成。这些无用的借口只会把你拽进软瘾症的深渊，你应该对它们毫不理睬，直接行动！

4. Deadline（最后期限）的通牒效应

不管是在运动中还是在游戏中，因为有件事没做完，你心里的焦虑和阴影始终挥之不去。你所感受到的任何一点快乐很快就消失得无影无踪，取而代之的是负疲、担忧和厌烦。

"我希望没人发现。"临近截止时间了，事情仍然没有眉目，你开始感到惭愧。你不想让任何人知道你的窘境，这时，你的本能反正就是会通过种种方式加以掩盖。

软瘾症患者总是有一千一万个理由掩盖事实的真相：

你假装自己很忙，即便你没有工作；你制造一种事情不断取得进展的假象，即便你根本就没有迈出过第一步；你或许会躲藏起来避开办公室，避开同事，避开接电话，你会避开任何可能揭示你真相的接触。

随着掩盖行为的继续，你可能会通过精心编织的谎言来掩饰你的延误，同时内心却深感自己心术不正。

虽然你感到负疚、惭愧或者欺骗了他人，但是你继续抱着还有时间完成任务的希望。虽然你脚下的地面正在崩裂，但是你还是试着保持乐观的态度，盼望着"缓刑"的奇迹能够出现。

梦想与目标是可以相互转化的，有一些人善于规划，始终坚持，终于在一个一个的目标中步步实现了看似遥不可及的梦想。而很多人把梦想当成水中花、镜中月，不知道该怎样实现它，他们的目标也是支离破碎、难以实现的。他们常常无所事事，拖延再拖延，在此之前，只是一味沉迷于各种无关紧要的事情中。

对于这样的人来说，想要戒掉软瘾，最正确的做法就是从现在开始立即行动起来，将梦想转化成切实可行的目标。梦想与目标之间的差别在于，梦想可以非常概括、形象，而目标是具体且可以量化的。

目标是能够被量化的梦想

我们在生活当中常常听到这样公式化的目标：找一份好工

Soft Addiction 小心！软瘾

作，做一个有钱人，有一个幸福美满的家庭，尽我最大的努力来做好手头的事情，让公司的业绩跃上新台阶，平平淡淡或者轰轰烈烈地过一生等。这些其实都不是真正的目标，它们只是一些想法罢了。它们模糊不清，不能被明确量化，所以实现起来有一定的困难。

歌德曾说："向着某一天终要达到的那个目标迈步还不够，还要把每一步骤看成目标，使它作为步骤而起作用。"

1984年，日本东京举办了一场国际马拉松邀请赛。这场赛事的结果让所有人瞠目结舌，取得冠军的不是事先看好的那几个种子选手，而是一个叫山田本一的毫不知名的日本选手。赛事结束后，山田本一成了记者们争相采访的对象。当问到他取得冠军的秘诀时，山田本一只有一句话，那就是：以智慧战胜对手。

对于这个回答，人们都很不满意，大家认为他不过是故弄玄虚，不想说出他的秘诀罢了。因为马拉松赛是最考验人的体力和意志力的比赛之一，没有足够好的身体素质，不要说取得名次了，连跑完全程都是不可能的事情。

两年后，国际马拉松邀请赛转移到了意大利北部城市米兰，这次代表日本参赛的仍是山田本一。让众人再次大跌眼镜的是，他再次夺冠了。人们被震惊了，这个其貌不扬的日本人怎么会两次夺冠呢？当谈到取胜的秘诀时，山田本一还是那句老话：以智慧战胜对手。

人们大惑不解，将这件事作为当年的一个超级大谜团，但是未能有所发现。10年后，山田本一向世人公布了自己的秘诀。他在自传中写道："当刚开始参加赛事训练时，我并不知道该怎样进行比赛，只知道向前跑。我的目标就是40多公里外终点线上的那面旗帜。这样的结果就是，跑了几公里后，我就觉得疲惫不堪，可是目标还在遥远的前方。于是，我觉得更加疲惫，想一想前面还剩那么多的路程，我就被自己吓坏了。后来，在每次比赛之前，我都会先去仔细检查比赛的线路，找出沿途比较醒目的标志，用心记下来。比如，第一个看到的标志性的建筑是银行，下个是一棵特别的大树……就这样，我把标志一直记到终点。在比赛时，我先用尽全力向第一个标志跑去，跑过了这个目标，我会再尽全力接着向下一个目标进发，就这样，40多公里的赛程被我分解成了几个小目标，然后我便能轻轻松松地跑完全程了。"

人生也是如此，大的目标往往遥不可及，看起来永远无法实现，于是大多数人在遭遇挫折时就想着放弃。在这个大目标之前没有什么成绩是能够被彰显的，所以我们无法有成就感，稍有外力阻拦，我们就会放弃目标。实际上，目标的实现无法一蹴而就，它是一个从量变到质变的长期坚持的过程。这个过程非常漫长，所以大多数人往往无法坚持。但是，将大目标分拆成小的目标后，每一个小目标就近在眼前，容易找到，也容易实现。当一个小目标完成后，人们就会信心倍增，会更加努力向前。

如果你想成为一个好的销售人员，但是不知道从何处下手，你看着周围的那些模范，觉得自己比他们差远了。他们的经验是那么丰富，他们有那么多技巧，你不知道从何学起，只好不断徘徊，将这个念头压在心底。其实，这很简单，你可以将这个目标量化，从小事做起，譬如你可以试着每周多拨打20个销售电话，尝试着在1分钟内不被对方挂断电话……这些全都是你成为好的销售人员的可量化目标。

众多量化的小目标就是人生旅程上的一个个缓冲点，它们既是上一段路的终点，也是下一段路的起点。这样的话，你就会一直满怀激情地实现各个小目标，就这样，一路攀登到成功的顶点。

任何目标的实现都必须有一个 Deadline

如果我们不给自己的目标设限，我们会发现这个目标永远悬在那里,永远无法实现。这个时间限制可以具体到某年某月某日某时某分。一个目标即使被量化得再细致,如果没有时间限制,也可能会使目标实现之日变得遥遥无期。因为没有时间限定,我们会轻而易举地给自己找到拖延的借口,我们会想:"反正这件事情以后做也来得及,天气这么好,我出去散步吧。"或者想:"我还要学打羽毛球呢,这件事情明天再做也不迟。"如此多的借口,这件事情会被无限期地拖延下去。

对于小目标来说,设定期限相对容易,我们可以纵观全局,对实际情况综合考虑,得出相对合理的期限。可是,对于我们的人生大目标来说,不是一朝一夕就能完成的事情,所以我们必须先确定完成它的各个小目标,将这些小目标一个个地解决了,才能实现我们的大目标。

当我们给目标设定了一个期限,就有了检视自己进度的标准。如果你经常检视自己的标准,结合实际情况不断作出正确的调整,你的目标实现的概率就会变高。

做事情千万不要没有期限,不要同别人讨论事情没有期限。如果你交代给别人做一件事,只说是尽快做,而不告诉他截止时间,恐怕过了几天你会发现那件事还没开始。拖延是人的本能,我们可以轻易地给自己找到借口。所以,对一个人来说,同一个目标实现的时间是 3 年或者 30 年,那么他采取的行动计划将会有天壤之别，其结果也会大相径庭。

另外，如果缺乏时间观念，将一件早该做完的事情一拖再拖，那么等到你最终做完的时候，那件事很可能已经失去了原有的意义。

任何目标，如果无法量化或者说不设定时限，那么这些目标都是无效的。模糊的目就像打靶一样，连靶子都看不清楚，命中只是偶然的侥幸，打不中才是必然的结果。

战胜 Deadline

要想战胜 Deadline——最后期限的通牒效应，就必须制定周密而合理的规划，综合考虑各个因素，为突如其来的事情留有足够的时间。

去年寒假，小张制订了一个貌似周密的计划：假期的前 3 周尽情地玩耍，后 1 周专心看论文。可突如其来的同学聚会夺走了小张 5 天的学习时间，最后只能用少得可怜的 2 天时间，囫囵吞枣似的看完了论文。如此看来，小张的假期规划不合理而且极端，完全没有考虑到一些突发事情对计划可能产生的影响，没有为学习这个重要任务留有充裕的时间，从而导致了最后通牒效应。

我们在制订和执行有关计划时，一定要具体，规定完成任务的确切时间，制定一些短期的目标和规划要比一个长期的最后期限有效得多。也只有这样，我们才能把宝贵的时间储存起来，在今后面临突发事件时，便能动用你的储蓄，在紧迫的时间压力下应对自如。

"最后时限"是遏制拖延的良方，是激励我们奋进的秘诀，更是克制最后通牒效应的有效方法。最后时限一经设定，就意味着任务的启动，它时刻鞭策着我们沿着最终目标而奋斗，不懈怠，不拖延，直到目标实现。

在人们从事的一切工作、学习、社交等活动中，最后时限都起着非常重要的作用。因为有了最后时限，我们才能够顺利地排除琐碎小事的干扰，从而抓住主要问题，提升工作速度；因为有了最后时限，我们才能很好地控制实施计划的进度，当遇到扩展伸延的子任务时不至于陷入势不我控的混乱状态。

5. "箍桶理论"拆分"行动高墙"

"箍桶理论"是针对"木桶理论"而提出的逆向的新概念。其标准定义是:"先制定一个目标,然后根据现在自身与客观的情况,制定出最终为能达到目标的一个个阶段的任务量。或者说,就是将一件有大困难的事,细分为若干阶段或部分,这样,在细分后的每个阶段或部分,其困难就被大大缩小,直至缩小到其困难可被轻易克服,缩小到要实现这个阶段或部分的小任务,完全具备客观的可能,而几乎没有任何系统的风险干扰。"

有时你会发现拖延是因为任务太难太巨大。例如,清扫车库,你的车库可能到处都是箱子和灰尘,一想到这些就让你头疼,不想去干。这种情况下你应该告诉自己,你准备每天清扫

1/3 或 1/4，这样，在你意识到这项工作很吓人前就已经将它一点一点地做完了。

把困难拆分解决，是"箍桶理论"的智慧所在

马拉松是一个长距离的比赛，如果整体一看，就会感觉很困难，那么远的路程，什么时候才能跑完啊。可是山田本一把困难细化了，把整体路程分解成很多的小路程，把小路程定为一个个攻破的目标，这样每次跑下来，就不会感觉到很累。

把一个巨大的任务分出层次，分步实现。如果任务太过艰巨，我们会因为苦苦追求却无法实现而气馁。因此，将一个大任务科学地分解为若干个小小的简单而必要的任务，并严格执行则是完成任务的最好方法。

10 根筷子不易折断，但是折 1 根筷子却不是太难。这也和"箍桶理论"极其相似，我们想折断 10 根筷子，没必要一起折，因为这样的难度是很大的，但我们一根一根地折，却是手到筷断。

困难会存在于生活中、事业上、学习中，它几乎无处不在。如何面对困难，如何解决困难，永远是人们津津乐道的话题。困难不是靠一句简单的豪言壮语就能解决的，它不但要付出努

力，还需要运用科学方法。

设立目标是我们确定努力的方向，但是对于实现目标、达到成功来说，这只是万里长征的第一步。对于我们来说，已经设立了大的目标，最重要的就是如何将这些大目标分拆成小的可量化、可限定的目标，这是我们打好坚实基础的重点。

"不积跬步，无以至千里；不集小流，无以成江海。""海纳百川，有容乃大。"不管是多么宏大的工程，也都是一步一步完成的，罗马的建成非一日之功，我们也不要妄想着能够一步登天。要想实现远大目标，最有效的方法莫过于将这个远大目标进行分解，细分成一个个我们便于管理、便于实现的小目标。

分解目标是门技术活儿

首先，分解是明确目标责任的前提，是使总体目标得以实现的基础。

常见的分解目标法主要有两种，一种是"剥洋葱法"，另一种是"分树权法"，这两种方法都很形象。

- 剥洋葱法

"剥洋葱法"，就是把大目标看成是一整个洋葱，一层一层

行动（ACTION）是核心之"桩"

地剥下去，将大目标分解成若干个小目标，再将这些小目标分解成更小的目标，就这样逐级分解，直到把看似宏大、难于实现的大目标分解成具体的事务，具体到我现在应该做什么，明天应该做什么这样的地步。实现目标是一个循序渐进的过程，需要从现在到未来，从低级到高级，从小目标到大目标，逐层推进。

实际上，我们设定目标的时候正好与实现它的过程相反。我们设定目标不会逐层考虑，而是选定大的努力的方向，期望在未来某个时间能实现它。等到我们真正采取行动来实现这个目标时，我们都需要从切实可操作的具体任务开始。那么，运用剥洋葱的方法将未来的目标落到实处，就便于我们实际操作了。

不管我们设定了多么远大的目标，如果真想实现它，我们必须逐层拆分，直到你心中有数，明确现在该做些什么。将梦想变成现实就是这样一个过程，首先，找准自己的梦想，然后将梦想逐步明确化，使之成为你自己的人生总体目标；其次，将这个总体目标逐步拆分成几个5年或者10年的长期目标；再次，这每个5年或者10年的长期计划又分别需要若干个2至3年的中期计划来实现……以此类推，直到将每个目标分解到每周甚至每日，让你始终心中有数，今天该做些什么，明天该做些什么。

我们的人生目标不应该只是一个虚无缥缈的梦想，它应该与我们时刻相伴，体现在我们每一个行为中。我们现在所做的每一件事情都应该与这个目标有所联系，这样才是实现目标的正确方法。

"剥洋葱法"也可以让我们联想到俄罗斯套娃。那个看起来胖墩墩、圆鼓鼓的大俄罗斯娃娃就是我们的人生总体目标，我们可以将大娃娃拆开，看到一个略小一点儿的娃娃，再拆开，再看到略小一点儿的娃娃……就这样，一级一级地将目标拆分出来，一直到无法再细分的地步。

- **分树权法**

"分树权法"很好理解，我们可以想象一棵大树的样子。大树从树干开始就会有若干个分枝，每个分枝都会有更小的树枝，在这树枝上会有再小的树枝，直到叶子。树干就是我们的人生大目标，每个树枝依次代表级的小目标，而叶子就是我们现在需要去做的每个切实的事务，或者说我们每个行动所到达的小目标。

大目标与小目标之间存在着逐层递进的逻辑关系，每个小目标都是实现大目标的条件，而大一级的目标是小目标完成的结果。如果所有的小目标都实现了，那么大目标就一定会跟着实现。

行动（ACTION）是核心之"桩"　PART 5

　　我们应该确定自己的人生目标，将它画成一个树干的形状，然后一一找出实现这个目标的必要条件和充分条件，像树杈那样在树干左右分别画出来。只有完成了这些条件，大目标才会实现。换言之，它们就是实现大目标之前必须达成的小一级的目标，是树干的第一级树杈。

　　接着，我们思考："实现这些小目标的条件是什么？"

　　在纸上列出达成每一个小目标所需要的充分条件和必要条件，它们就变成了这些小目标，也就是第一级树杈上的第二层树杈。

　　这样以此类推，直到将目标拆分到无法拆分的地步就画上树叶，这才相当于将该目标分解到位了。就这样，每一个大目标其实都能被分解到树叶，被描绘成一棵枝叶繁茂的大树。

　　再回头审视一下你的分解过程，从叶子开始往上推，到树枝，再到树干，你扪心自问：如果这些小的目标都一个一个地完成了，那么大目标就一定能实现吗？

　　如果你能毫不犹豫地回答"是"，那就说明这个分解工作已经做完了。如果你犹豫不定，那就说明你现在列出的这些条件还不算全。你应该继续补充被遗漏的树枝，也就是小目标。只有当一棵枝叶繁茂的完整的树出现在眼前时，我们才能说这是一套完整的能够达成目标的行动计划。

6. 战胜焦虑性拖延的暴露疗法

很多心理学家认为：软瘾行为是人们对抗焦虑的一种自我防御机制，它往往起源于一项任务，以及对未知结果的期待。但是，物极必反，想要战胜这种焦虑性拖延，首先就要找到导致你焦虑的问题所在，把问题统统暴露出来，才能一一解决。

大部分软瘾症患者在拖延时都有类似的心理体验：

拖延虽然带来了压力，但却满足了虚荣心——我如此能干！我仅仅用很短的时间就能取得不错，甚至比别人好的成绩。

无形中"自己能胜任短期高压的工作状态"的心理得到强化，并对今后的工作产生暗示。如此周而复始，反复循环。

这些人不因"雪球"越滚越大而烦恼，相反地，发现体内的潜能总会在"最后关头"产生惊人的效果，最后时刻产生的巨大能量促使自己以最高的效率，将所有琐事一网打尽，于是，对自己的拖延心安理得。

从行为心理学的角度出发，美国南康涅狄格州立大学的心理系教授詹姆斯则认为，这种拖延是"与自我控制对立的冲动"的特殊形式。

他还发现，如果有两个任务，一个是紧急但轻松的，一个是不太紧急但繁重的，拖延者需要在这两个任务之间作选择，研究对象往往宁愿选择不太紧急的。虽然紧急的任务更要紧，但拖延更有愉悦感。

"冰火两重天"的焦虑

可见，大多数拖延症患者的品性中都会包含担忧、焦虑和抑郁情绪，因为拖延与实际生活的冲突让他们时刻处于"冰火两重天"的煎熬中。这种煎熬让他们不堪负担，于是他们借拖延来转移注意力，企图寻求一时的解脱，而这种拖延又加重了他们的焦虑、担忧和抑郁情绪。抑郁情绪带来沉闷和低能量，这成为一个人积极行动的障碍。同时，抑郁和缺乏自信密切相关，而低自信也是与拖延紧密相连的。这样便陷入了一个无限循环的怪圈。

Soft Addiction 小心！软瘾

我的一位友人赵欣觉得自己的身体越来越难受，晚上睡不着，早上爬不起来，一天到晚头昏昏沉沉的，做什么事都不能集中注意力。赵欣本来计划今天画一份设计图的，从早上起来她就在琢磨这事儿，可是她很饿，她先做了一顿早饭。吃饭的时候没法继续想，她就点开了网页，看了知名设计师的作品集。想到新出来的一部电影，据说布景很好，整体格调很不错，可以作为参考。于是，赵欣便点击了那部电影看起来，很普通的剧情，但是背景很抢眼。赵欣心不在焉地看着，脑中的两个小人不停地打架，一个说："赶紧干活儿去，这种没营养的电影有什么好看的？"另一个说："我现在就是在为干活儿做准备啊，你看这背景很不错。"一个说："这背景有什么好看的，你又不是没看过比这更好的设计。"另一个回应："可是这个很不错的。"

赵欣知道自己的活儿没做完，这样做的确很不应该。可是她从早上起来就觉得头昏昏沉沉的，她不敢给自己太大的压力，怕头疼得更厉害。她这样心不在焉地看了很久，觉得头更疼了，只好倒头躺下。

除了头疼外，赵欣觉得浑身难受，医生看了她一眼就说是压力过大、作息不规律，所以导致身体功能紊乱、轻度抑郁症等。医生给赵欣开了一些药，嘱咐她要放松，不要太紧张，注意早睡早起、规律饮食和作息。赵欣回家之后想到眼前有那么多活儿要做，始终放不下心来。就这样，她始终不能彻底放松，又无法专心投入，总是在拖延和自责中纠结，身体越来越差。不过二十出头的大姑娘却满脸愁容、面色黑黄，走路时步子虚浮，看起来像40多岁的大妈。

研究表明，当身体感到压力时，大脑会控制自主神经系统自动释放出应激激素肾上腺素和皮质醇。等到身体感觉压力释去后，身体会恢复到平衡状态。但是，如果压力过大、持续时间过长，应激激素就会迅速消失，无法再对身体起到保护作用。压力不仅能使你的血糖升高，还会影响你的睡眠，你的身体的自我修复能力受限，免疫系统也会被破坏。随之而来的便是睡眠障碍、抑郁症等精神类疾病。

无穷无尽的焦虑来自于我们常把关注点放在遥远的未来，而非现在。许多人为了明天的考试、工作焦虑不已。未来的事还没发生，而这种积忧、恐惧却已形成一种束缚自己的压力了。

心理学里有个著名的论点——"自我应验效应"，即"你怎么想，就会怎么发生"。当你对未来担心时，你的思绪便被干扰，过分关注未来，使人永远不会有充足的时间，因为你试图同时生活在两种空间之中，身处现实，思想却在将来，这会让你的思想在现实中出现断层，给你带来压力和焦虑情绪。

但仔细想一想，你所忧虑的事情是否有事实根据。在过去曾有过的类似经验里，你是否无法处理？是以前曾失败过？如果没有，就大可不必忧虑。如果你每天能抽出15到20分钟放松心情并仔细思考，这不失为一个有效的方法。

倘若未来真的很不乐观，尝试想象可能发生的极坏结果——当众遭训斥或是免职、降职、解雇。试问自己，情况真的那么糟糕？

过度担忧工作中的不确定性因素——也就是对未来设定一连串的"如果……就……"对过去的懊恼怨悔足以使自己的思绪钻入牛角尖。换句话说，正是那些我们所不知道且无能为力的事情，会对我们造成真正的伤害。

暴露疗法之建立对焦虑情绪不适的忍耐力

如何培养对焦虑情绪的忍耐力，这是一个重要的问题。加强肌肉的锻炼，拼命将忍耐力转化成"立即执行"的行动。

当你对某项任务感到不适时，先停下来，好好听听自己内心深处的声音，把问题一一列出来。然后听听这声音是否告诉你逃跑或者回避？如果你心里浮现出"我不想这样做"的念头，那可能就是你的真实想法。你不愿做手头的事情，但是你

行动（ACTION）是核心之"桩"　PART 5

应该如何调整自我，找到行动的出路？

同自己对话，将自我抽离出来，冷静地关照所发生的一切。你可以试着告诉这样自己："虽然我不想做这件事，但是我应该努力坚持下去，否则可能会拖到最后一刻才匆忙赶活儿，既劳心劳力又难得到满意结果。"你反复告诉自己，坚持就是责任，这能从意识上将逃避改变成高效的行动。

你哪里感觉不舒服？你的胳膊酸，还是腹痛？你是头疼还是胸闷？如果不做什么分心的事情，你能够计算出这种不舒服的现象会持续多长时间？当你计时后，你会发现这种紧张其实是短时性的，可能是紧张所导致的生理反应。了解这一点后，你就毋庸担心了。

那些想要拖延的事情，你能够让它们开始进行吗？一旦进行后，你是否觉察到什么变化？你从这种控制过程中学到了什么？

想想你是否真的害怕不舒服的感觉。那种不舒服已经强烈到让你心不在焉的地步了吗？对不舒服感到恐惧，这是一种正常现象，是可以人为控制并战胜的。

7. "瑞士奶酪"时间整理术

关于时间,本杰明·富兰克林有这样一段名言,他说:"记住,时间就是金钱。假如说一个每天能挣10个先令的人,玩了半天或躺在沙发上消磨了半天,他以为他在娱乐上仅仅花了6个便士而已。不对!他还失掉了他本可以挣得的5个先令……记住!钱能生钱,而且它的子孙还会有更多的子孙……谁杀死一头生仔的猪,那就是消灭了它的一切后裔;如果谁毁掉了5先令的钱,那就是毁掉了它所能产生的一切,也就是说,有可能毁掉了一座英镑之山。"

富兰克林的名言道出了时间的重要性——如果想成功摆脱软瘾,拒绝拖延,一定要重视时间的价值。我们每个人都应该学会管理时间,否则的话将会导致一个恶性循环:浪费时间导致做太多无用的事,做无用事情的时间多了,做正经事的时间就少了,最终就会导致拖延,而拖延就会导致行动的进度被拖慢,效率大打折扣。

无论成功还是失败,关键的因素并不是我们内在所具备的质素,在很大程度上在于我们会不会管理时间。

生活中我们总是会产生如此的想法,时间是多么虚无的概念,往往在这里浪费几分钟、在那里荒废几分钟并不算什么,甚至因为自己的不珍惜,会白白让几个小时的时间流逝。相信有这种想法的人不在少数,其实浪费时间正是由于忽略时间的作用。

朋友!当你再漫无目的地浪费时间的时候,可曾想过时间就是你的生命呢?其实当我们抱怨自己一无所有的时候,却忽视了对于我们来说最昂贵的财产就是时间。只有好好管理实践、安排时间,才能利用时间创造出价值。

整理零碎时间的"瑞士奶酪法"

这是一种很好的时间管理方法,能够将许多零碎的时间都有效整合起来。它来源于阿兰·卡凯因的《如何掌控你的时间与生活》这本书。瑞士奶酪是一种上面布满小孔的白色奶酪。

Soft Addiction 小心！软瘾

"瑞士奶酪法"，顾名思义，就在一个大的任务中使用"见缝插针"的方法，有效利用零碎时间，而不是坐等大块的时间段出现。这个方法对大多数人来说都极其有效，因为生活总不是一件事完了才开始另一件事，往往是许多事情交织在一起，很少会有大块的时间供我们单独完成某一件事。这个方法对我们启动一个项目或者在项目启动后保持连续性都有极大的用处。

"瑞士奶酪法"非常看重**时间的价值**，无论这段时间看起来多么短暂。也许你的目标需要 30 个小时才能完成，但是这并不意味着只有当你有了 30 个小时的整块时间时才能进行相关事务。只要有时间，哪怕是 5 分钟、10 分钟，你也可以用来完成许多相关的重要步骤。如果你觉得这样做非常困难，不知道如何下手，建议你可以花上 1 分钟的时间来做一个时间分配表。但是，如果你是下意识地回避你的办公室，你知道里头有大堆的工作等着你去做，那么，既然工作是无法推卸的，你不如索性进去站 15 分钟，调整呼吸，直到适应这个环境为止。假如你打算收拾屋子，却对着楼上楼下的杂物头痛不已，你不如先花上几分钟的时间把你的床铺整理洁净。你一直躲在楼外是不会有田螺姑娘来帮你收拾的，不管做什么事，这都比单纯的回避行为有效得多。

行动（ACTION）是核心之"桩" PART 5

　　善于利用零碎时间的人更容易取得成功，更容易掌握更多知识，不会成天苦恼找不到学习的时间。温华德就是一个典型的例子。

　　温华德在一个 IT 公司就职，熟悉他的人都对他的业务水平和敬业精神称赞不已。但是公司里很少有人知道，温华德其实并非计算机系的学生，他当初学的是无机化学。由于厌倦了无休止的实验和枯燥无味的数据，温华德想学学自己喜欢的电脑相关行业。可温华德是个穷学生，课余时间还要勤工俭学，不可能将所有时间花在电脑上。但是温华德懂得利用时间，每天坐车的时候他都会掏出计算机相关的书籍来看，走路的时候，在脑子里不停地推演语言，搭建空中的电脑网络……当同学们忙着在网上聊天、看电影的时候，他把自己的电脑拆了装、装了拆，弄明白它的工作原理。只要一有时间他就全身心地投入到电脑钻研中。

　　这样的努力很快便有了回报，大学毕业后，温华德顺利地进入一家知名 IT 公司，并且很快成为备受领导重视的员工。温华德住的地方距离公司有两个小时的车程，每天上下班的时候，温华德都会利用这段时间学一些东西，从不让时间白白溜走。

　　上周公司来了几个德国工程师洽谈业务，但是请来的翻译

Soft Addiction 小心！软瘾

生病了，老总跟那几个德国工程师面面相觑，双方比画了半天都不知道对方要说什么。温华德得知这个消息，毫不犹豫地走到德国工程师面前，充当了翻译。因为温华德德语说得流利，又熟悉相关知识，这一次的洽谈非常成功。德国工程师满意而归，公司里的所有人都对温华德刮目相看。老总拍着温华德的肩连声赞叹，并且当场宣布给他加薪。一旁的同事们都艳羡不已，纷纷向温华德取经。温华德说："我也没别的，不过是觉得时间浪费了很可惜，知道公司跟德国有业务往来，所以学了德语。每天上下班都有两个小时的坐车时间，足够我学很多东西了。"

温华德的做法就是"瑞士奶酪法"的生动再现。你也许在烦恼没有整块的时间来规划下周的事情，可是你有没有意识到，就在你烦恼的时候，时间便匆匆地溜走了。"瑞士奶酪法"是一个非常有效的方法，对于拖延症患者来说极其有用。

很多拖延症患者都在抱怨没有足够的时间来做他们想做的事。因为他们一直在等待大块的空闲时间出现，但是得到这样的"优待"的可能性几乎是微乎其微。而多出来的 10 分钟、半小时这样的零碎时间就非常容易找到了。充分利用这些零散时间，坚持一段时间，你会觉得很多事情都在不知不觉中解决了，你也就少了很多抱怨。

另外，如果你能充分利用一小段的时间，那你也在无形中受到了时间上的约束。为自己设定时间限制对拖延症患者来说是很好的练习，能够帮助你一点一滴地完成那些永远需要等待合适时机才会去做的事情。你也许会幻想一旦自己有足够的时间，自己就能集中精力去完成某件事，但是，当这样的时间段出现时，你也许疲惫不堪，根本无法再做这件事。

有的事情非常棘手，并且令人厌烦，也许你无法忍受一连几小时花在这件事情上。但是，若你有效地利用零散时间，用零碎的 10 分钟、15 分钟去做这件事。你将这件事一点点往前推进的时候，也会意识到这件事很快就会结束，它不是永无止境地折磨你，那么你对它的态度可能也会有所改观，让你会在心底感到一丝满足。这种满足感实际上就是你因完成部分任务而得到的一种奖赏。这种良好的感觉能够促使你的大脑释放出相关的化学物质，从而有助于你的身心协调。所以，为了再现这样的感觉，你就会希望再现这样的经验。

软瘾症患者有个很大的毛病，就是会用工作来惩罚自己。也许你昨天一整天都忙着打游戏、看电影，该做的事情一点儿都没做。为了及时完成任务，你可能会将自己关一个周末，并且认定只有任务完成，你才能得到放松。实际上，这种做法只是将你的脚步拴在了办公桌旁，你一想到周围的人都在放风筝或者到郊外骑车，你就会觉得如百爪挠心一般难受，就想下意识地逃避工作，你会以没心情为由在网上闲逛或者找其他消磨时间的事情来做。

这种利用零碎时间的做法会大大提高我们的工作效率。相对于一直等待很难出现的大块时间来说，"瑞士奶酪法"是我们实现自己目标的更积极、更有效的方法！

当然，时间管理是一件非常复杂的事情，时间一分一秒地在流逝，不管是睡觉、干活还是休息，时间一刻不停地溜走。想要实现自己的梦想，我们必须得好好管理自己的时间，以下就是时间管理的几条基本原则。

- 时间应该用在需要用的地方。

这是很多人的错误感觉，他们往往手头做着一件事，而心里想着另一件，他们总是认为自己正做的事情不是想做的，而是不得不做的，这让他们非常没有成就感。

- 经常分析时间安排。

如果想要有效地管理时间，必须长期坚持分析自己的时间管理，每日的活动记录至少持续1周，如果注意力不够集中，那就每30分钟记录一下自己的时间的用处，这样有助于高效地管理时间。

- 对未来作清楚的预计。

事先准备好的活动一般说来要比事后补救的活动有效许多。

行动（ACTION）是核心之"桩"

小洞不补，大洞吃苦。避免发生意外的最好办法就是预料那些可能发生的意外事件，并为此制定应急措施。有备无患是前人的实践经验，并且永远有效。

- **认真制订计划。**

认真仔细的准备是事情做成的前提条件，只有制订了可靠有效的计划，在实际过程中我们才能得到更好的结果。

- **制订每日计划。**

每个人都应该在早晨睁开眼就明了自己今天要做些什么，从一开始就规划好一天的活动，这样才能更有效地利用一天的时间。这个每日计划最好在前一天晚上就制订出来，一定要符合近期的目标和长期活动。

- **相信目标的可靠性，而不是单纯依靠所谓的机会。**

机会之所以是机会，就说明它不会永远奏效，真正可靠的还是正确的目标。

- **遵循优先秩序。**

应该按照优先秩序对各项任务进行时间预算和分配。优先秩序的具体含义我们在前面已经详述过，我们应严格地依照这个原则来行动。

- **最后期限。**

给自己规定最后时限并严格约束自己，如能持之以恒就可以帮助我们克服优柔寡断、犹豫不决和拖延以及上瘾的弊病。

- **集中注意力。**

只有集中注意力,我们才能更高效地行动。实践证明,在人们有组织的努力中,少数关键性的努力通常能够产生绝大多数结果。这条原则就是前文中提到的"二八定律"。有效的管理人员总是把他们的努力集中在能够产生重大结果的那些"关键性的少数活动上"。

后 记

21天，和软瘾症说再见

行为心理学研究表明："21天以上的重复会形成习惯；90天的重复会形成稳定的习惯。即同一个动作，重复21天就会变成习惯性的动作；同样道理，任何一个想法，重复21天，或者重复验证21次，就会变成习惯性想法。所以，一个观念如果被别人或者自己验证了21次以上，它一定已经变成了你的信念。"

这说明，我们只要将一种行为不断地重复，随着时间的推移，它就会逐渐成为一种习惯。同样的道理，我们若将一种思想不断地重复，也会成为一种习惯，在不知不觉中影响我们的言行。

在开始这个最终的训练之前，我们有必要了解习惯形成的三个阶段。

第一阶段：1~7天左右。

这一阶段的特征是很刻意地在克制，极其不自然。你需要在这几天时刻提醒自己改变，而这种改变的过程令你自己也会觉得有些不自然，不舒服。

第二阶段：7~21天左右。

开始了就不能轻易放弃，这一阶段你要做的事就是继续重复，跨入第二阶段。而这一阶段的特征是很刻意地在克制，但已经慢慢变得自然。你已经觉得比较舒服、能够坦然面对了，但是一不留意，你还就会回到从前。譬如戒烟、戒酒，尤其是戒烟，明明第一阶段坚持得好好的，到了第二阶段一不留神就前功尽弃了。所以，这一阶段也是最危险的阶段。因此，你还需要刻意提醒自己巩固成果。

第三阶段：21~90天左右。

这一阶段的特征是不再刻意地克制，已经变得顺理成章——这就是习惯的养成。这一阶段被称为"习惯的稳定期"。一旦迈入了这一阶段，预示着你已经完成了自我改造，你所养成的这项习惯已经成为你身体和生命中的一部分，它会顺理成章地随时待命，为你"效劳"。

无论是好习惯还是坏习惯的形成，均是这样，都是在日复一日中慢慢形成的。

如此看来，改掉不良的旧习惯（比如软瘾），养成好习惯，也就没有我们想象的那么难以实现了。

以上就是"21天好习惯养成"的基本原理，其实你应该这样做：

* 将这个习惯持续21天；

* 通过坚持，让自己清晰地看到好习惯为工作和生活带来的益处，因为自主的感情接受远远比理性的强制更有说服力；

* 把这次训练当作一个小试验。像科学家一样，把习惯的养成当作一次自我挑战与尝试，而非一个长期的心理斗争。这会帮助你集中精神，及时调整目标，正确对待结果；

* 远离"危险区"。所谓的"危险区"是指那些可能让你随时回到第一阶段的"老地方"；

* 用其他东西替代你失去的东西，比如你正在戒烟，虽然你失去了烟，却获得了健康的源泉；

* 将近期计划在一张纸上列出，并告诉你身边的朋友，让他们督促自己，同时给自己一种压力；

* 保持简单。习惯的建立是长期的过程，所以无须太复杂，能把简单的事坚持住就是一种不简单；

* 不要过于追求完美。凡事都应脚踏实地一步一步地做起，不要指望一次就彻底改变自己。

Soft Addiction 小心！软瘾

之所以有人训练失败，往往不是因为他做不到，而是因为他不愿意去重复那些看似简单的事情。所以，只要你开始训练自己，并日复一日地坚持下去，就一定会有所收获。

不要怀疑，立刻开始行动吧！

我坚信：只要你坚持 21 天以上，就一定会爱上这种坚持的感觉，并定将早日和软瘾说再见！

附 录

战胜软瘾症实用工具箱

想要彻底战胜软瘾症,除了要坚持,有正确的方法外,还要巧用一些实用工具,助治愈之路一臂之力!

1. 目标分解工具

目标	具体工作	完成时间	责任人
XX	**1. XXX** ·内容: **2. XXX** ·内容:		

2. 计划列表工具

计划1	计划2	计划3	计划4
• 计划细节	• 计划细节	• 计划细节	• 计划细节

计划5	计划6	计划7	计划8
• 计划细节	• 计划细节	• 计划细节	• 计划细节

3. 结果评估工具

结果	评估
结果	
结果	
结果	

4. 分析时间安排工具

总体分析	1
具体分析	2
效率分析	3
重新安排	4

5. 时间整理工具

	整理方案1	整理方案2
D1 xxx		
D2 xxx		
D3 xxx		
D4 xxx		
D5 xxx		